中国经济文库·应用经济学精品系列（二）

基于演化视角的
农业创新扩散过程研究

朱月季◎著

Study on Diffusion Process of

Agricultural Innovations

from An Evolutionary Perspective

U0312711

中国经济出版社
CHINA ECONOMIC PUBLISHING HOUSE
北京

图书在版编目（CIP）数据

基于演化视角的农业创新扩散过程研究／朱月季 著.
—北京：中国经济出版社，2019.12.
ISBN 978-7-5136-5945-1

Ⅰ.①基… Ⅱ.①朱… Ⅲ.①农业技术推广—研究 Ⅳ.①S3-33

中国版本图书馆 CIP 数据核字（2019）第 281069 号

责任编辑　丁　楠
责任印制　马小宾
封面设计　华子图文设计

出版发行　中国经济出版社
印 刷 者　北京艾普海德印刷有限公司
经 销 者　各地新华书店
开　　本　710mm×1000mm　1/16
印　　张　10.25
字　　数　120 千字
版　　次　2019 年 12 月第 1 版
印　　次　2019 年 12 月第 1 次
定　　价　58.00 元
广告经营许可证　京西工商广字第 8179 号

中国经济出版社 网址 www.economyph.com **社址** 北京市东城区安定门外大街 58 号 **邮编** 100011
本版图书如存在印装质量问题，请与本社销售中心联系调换（联系电话：010-57512564）

前　言

农业创新包括农业生产过程中出现的新技术、新品种或新的生产方式，农业创新在农户群体中的有效推广是乡村振兴的重要驱动力量。尽管中国已经跃升为全球第二经济体，但农业发展在过去四十年是相对缓慢的，至今仍是以小农为主体的分散生产经营方式。小农作为农业创新的潜在采纳者和传播者，其决策行为有待于深入研究。这首先就涉及理论基础问题，即新古典经济学的"理性"假设是否适用于小农创新采纳行为的研究。实质上，学术界关于新古典经济学的批评声音一直没有消减过，新近发展的经济学分支尽管受到越来越多学者的关注，但这些理论的发展始终难以抗衡新古典经济学的研究范式。本书受到哈耶克先生的影响，汲取了奥地利经济学派关于知识、市场的论述，尝试基于个体的有限知识假设为人类经济行为的研究提供一个更具包容性的框架，并不是推翻新古典经济学，只是将其视为类似"真空条件"经典物理学的特例。虽然在20世纪40年西蒙提出过"有限理性"假设，但介于完全理性和非理性之间的个体如何做决策，在理论逻辑上难以把握，至今其内涵仍然存在争议。因此，该研究范式在分析的可操作性上存在困难，基于该范式的理论发展非常缓慢，可能更好的做法是回到"知识"这一更加基础的概念上来。本书提出经济个体的"有限知识"假设，在此假设之下，基于社会网络的群体规范、习俗、惯例等会辅助个体的选择决策。为实现这一思想，本书寻找到与之相适应的基于主体建模（Agent-based Modeling）的研究方法，在该方法的支持下，我们能够将农业创新扩散视为一个动态的过程，从而分析农户在农业创新扩散中的决策行为及其演化，探讨农业创新在小农群体中扩散的机制。

本书主要由以下六个部分构成：

第一部分是引言。从农业创新在国内和国外扩散面临的困难出发，提出本书研究的主要问题及其意义。从农户特征与资源禀赋、技术认知与技术感知、风险偏好、技术信息、知识与农户学习、生产组织与制度环境等多个维度对现有文献进行了梳理，指出已有研究可能存在的不足，提出本书研究的基本思路与方法，即基于有限知识假设这一更具一般性的范式，打开农户技术采纳决策过程的"黑箱"，尝试以计算机仿真的研究方法，探析异质性农户之间的互动规则，研究社会规范与社会网络对农业技术扩散的影响。

第二部分提出新的理论基础：基于有限知识假设的演化视角。介绍了演化经济学的基本特征与主要思想，对农业创新扩散做出相应的理论分析，指出个体的有限知识是小农异质性的基础，社会规范是小农在有限知识假设下表现出的适应性行为。因此，小农关于农业创新的采纳决策既会受到经济因素的影响，也会受到社会因素的影响，后者在以往的研究中没有得到充分的重视。

第三部分研究了社会规范与农业创新扩散的相互作用。强调有限知识假设对创新、制度等问题研究所具有的潜在包容性，引入了社会规范这一重要概念，并基于演化理论基础构建了农户技术采纳的演化模型，通过仿真实验对比研究了农业技术扩散的动态过程。

在实证部分以埃塞俄比亚为例，选取中国援助埃塞俄比亚农业技术示范中心所在地区作为调研点，根据演化仿真分析结果对现有 TAM 模型进行了扩展，并提出相应的假设，从农户微观层次考察新技术在当地农村的采纳情况及其影响因素。埃塞俄比亚农户的实证分析结果很好地支撑了由扩展模型提出的假设，为前文的动态分析结果提供了佐证。

第四部分研究了小农社会网络特征对其农业创新采纳和扩散进程的影响。以湖北省金鸡村的藜蒿种植产业发展为事实基础，采用 WS 模型构建了农户社会网络，以农户选择倾向模型建立农户在社会网络中的创新采纳决策与互动规则，仿真模型结果能较好地拟合金鸡村藜蒿种植在农户间的扩散过程，通过校准后的仿真模型研究了农户的社会网络特征与创新采纳、创新扩散的关系。

第五部分研究了作物病害危机下多个新品种在农户群体中的扩散机制。有限知识的蕉农在新品种采纳决策中表现出不确定性下的随机决策和局部遵同效应，根据该理论构想修正了谢林模型，以契合蕉农新品种采纳决策的实际，并采用 ABM 方法构建了作物病害危机下蕉农新品种采纳决策的仿真模型。利用海南澄迈县蕉农的调研数据，仿真模型很好地拟合了蕉农采纳两个新品种的实际情形，表明模型具有合理性，传统计量模型的实证结果也进一步佐证了本章主要的理论观点。

第六部分基于本书的研究内容凝练出三个主要结论，总结了本书核心的理论思想，并由此提出未来可能的研究方向。

本书的出版得到了海南省自然科学基金项目"基于演化视角的农业创新及其扩散过程研究"（717088）、国家自然科学基金项目

"有限知识视角下农户技术采纳决策的动态仿真与实证研究"（71863006）、国家现代农业产业技术体系项目"香蕉产业经济研究（2017-2020）"（CRAS-31-14）、海南大学科研基金资助项目"有限知识视角下农业创新与农户采纳行为研究"（KYQD1615）等项目资助，在此表示感谢！

朱月季

2019 年 6 月于海口

目　录

第一章 引 言

第一节 研究背景与意义

一、问题的提出

新时期，乡村振兴战略实施和农业供给侧改革，呼唤中国农业尽快驶入科技驱动的安全高效发展轨道中来。国家现代化首先是农业农村现代化，提升农业生产质量、提高农民生活水平，需要强有力的农业科技支撑。2019年中央"一号文件"提出，农业需要强化创新驱动发展，实施农业关键核心技术攻关行动，培育一批农业战略科技创新力量，加快先进实用技术集成创新与推广应用。近年来，中国农村农作物病虫害发生面积呈逐年上升趋势，不仅直接影响农民收入，也对国内农产品供给安全造成严重威胁。随着消费需求升级和供给侧改革，中国农村也逐渐探索出富有地方特色且经济收益较高的产业化发展模式，但由于气候变化、农资投入不当或连年重茬种植等因素导致各类新型作物病虫害迅速蔓延。根据中国农业科技发展中心数据，2019年农作物重大病虫害总体发生面积预计将达到48亿亩次，将比往年更加严重。农作物病害高发，势必衍生为中国实施乡村振兴战略过程中的"绊脚石"。乡村振兴战略实施需要农业科技力量的支撑，新品种新技术研发是解决病害危机、促进产业高效发展的第一步，这些农业创新如何能够在农户群体中进行有效推广是值得研究的重要问题。近四十年的农业改革发展实践表明，农业生产依靠技术革新取得了举世瞩目的成绩，但仍有大量好的农业技术一直停留在技术示范层面，在农户生产环节推广不开。这既造成了严重的技术资源浪费，也不利于农业转型与生产效率提升。农民是农业发展的主力军，分散小农经济下的农业生产活动往往跟本地传统紧密地融合在一起，不同农户对农业技术的认知存在偏差，从而影响农业技术在不同地区传播的进程。农业技术推广是一项系统性工程，不宜用简单的经济成本—收益分析来推断农户技术采纳的行为和技术推广的进程。因此，我们需要寻找新的理论视角深入剖析农村地区农户技术采纳决策与技术扩散的动态过程，这将有利于识别农业技术在农户群体中扩散的机制，促进更多的农业技术在中国农村地区的使用与传播，逐步推动农业农村现代化的发展进程。

尽管中国一直呼唤构建"产学研"结合下的技术成果转化，但农村地区技术推广仍然面临挑战。不仅如此，中国在境外的农业援助与国际合作项目也存在农业技术传递的难题。当今国际政治与经济秩序深刻变化，非洲国家在中国政治经济全方位发展战略中的地位越来越凸显。2000年，中国与非洲成立"中非合作论坛"标志着中国对非洲的援助走向机制化阶段。2014年的《中国的对外援助》白皮书和2015年的《中国对非洲的政策文件》作为中国对非洲的援助与合作的基本框架，表明其有政策依据的稳定性和长期性。中国与非洲农业优势互补，合作发展的前景广阔。非洲各国农业结构和技术水平各异，但总体水平较低，具有较大的发展潜力。中国作为具有悠久农耕文明的农业大国，在长期的历史实践中创造并传承了适合于中国农情的耕作技术。在经济改革与转型时期，农业技术进步大大释放了中国农业发展的经济活力。中国经济发展的轨迹能为非洲国家提供重要参考，事实上，中国已经逐渐成为非洲国家学习和效仿的对象。非洲国家的自然资源与中国实用农业技术资源相结合，将为非洲农业发展与中非农业合作提供广阔前景。不同于美国等西方发达国家，中国对非洲的发展援助历来"不附加任何政治条件"，而是强调在互惠互助的基础上建立稳固的合作伙伴关系，在具体援助策略上，中国倡导"授人以鱼不如授之以渔"，将技术援非视为中非农业合作的重点。自 1964 年周恩来总理访问非洲十国提出中国援助非洲的八项原则以来，中国对非洲国家的援助与合作一贯强调"不附加政治条件""授之以渔"的理念。截至目前，中国已经在非洲国家援助建设 20 多个农业技术示范中心，并向非洲国家派遣了 50 多批农业技术组展开中非双方在农业领域的交流合作。在 2012 年第五届中非合作论坛上，中国提出继续坚持注重当前与着眼长远相结合，坚持"输血"与"造血"相结合，继续增加对非援助与合作力度。2015 年 12 月，在第六届中非合作论谈约翰内斯堡峰会上，中国宣布未来 3 年将在十大领域跟非洲展开全方位的战略合作，增加投资与援助规模，加快农业合作与农业现代化进程，实现非洲的自主可持续发展。2018 年，在中非合作论坛北京峰会上中国提出继续推动非洲国家的能力建设，中国将在非洲设立 10 个鲁班工坊，向非洲青年提供职业技能培训，并实施头雁计划，为非洲培训 1000 名精英人才。随着中国对非援助的投入力度日益加大，传统的援助格局被打破，以西方国家为主的传统援助国和新兴援助国之间缺乏信任与合作，西方媒体针对中国在非洲的援助项目制造了较多负面舆论，并引发学术界的普遍担忧。在此背景下，中国必须以实际行动为自己正名，切实推动当地农业技术的改良与扩散，为非洲民众带来实际利益，促进非洲受援国家经济的发展，从而与非洲友国共谋发展，提升中国在国际事务中的软实力。事实证明，西方大规模农场和机械化作业并不能适应非洲当地社会生产力发展水平，中国以往在非洲的援助项目也受到部分学者和媒体的质疑，国际社会对非援助效果不尽如意。因此，推动农业技术扩散是解决非洲国家贫困问题的突破口，是中国援助非洲的重点，也是双边农业合作取得经济实效的关键。

以上两个事实归结为一点，农业是发展中国家经济增长的基础产业，技术进步是农业发展的重要驱动力，农业技术推广要想获得成功必须要厘清现实中存在的障碍，障碍是什么以及如何突破这些障碍是非常值得研究的话题。同时，我们必须注意到，在农业技术推广过程中，农民作为农业生产主体，是技术采纳的最终受体。因此，一项好的农业技术，只有在普遍被农户采纳的情况下才能发挥其经济效益。事实表明，农业技术在农村地区的扩散并非一蹴而就的。例如，非洲国家长期接受外来农业技术援助，但技术难以得到广泛传播，至今农业发展严重滞后、贫困问题突出。即使是成功的农业技术推广，新技术在农户群体中的扩散也是渐进式的"过程"，技术采纳者往往呈现出"S"型增长状态（Grübler，1996）。根据技术扩散过程的不同阶段，Rogers（1995）将技术的采纳群体划分为开创者（innovators）、早期接受者、早期大众（early majority）、晚期大众和落后者（laggard），表征着个体对新生事物的"入侵"持有差异化的态度。中国各个省份农业发展情况不同，农业传统存在差异，不同地域的农民在长期从事农业生产的过程中形成了固有的耕作习惯、规范，这使得他们对新农业技术的认知也存在差异。因此，农业技术推广不单单要考虑技术在经济效益方面的潜力以及农业条件适宜程度等外在约束，还需要考虑内在约束如农户生产习惯、群体认知给农户的技术评价与选择带来的差异。针对这些内外约束进行解构才有可能推动农业技术的有效推广，促进中国农业搭载科技动力，为实现农业高效、可持续发展提供基础。

事实上，新古典经济学的理性假设已经不再适用于农业技术推广问题的研究。首先，农户关于新技术采纳决策过程无法满足偏好固定的假定。在农户面临一项新生事物时，农户个体的已有知识结构受到冲击，他们在短期内可能无法构成对新型技术的确切认识与评价，关于生产决策的"偏好"会在农户个体不断的"学习"中得到"进化"，而不同文化背景之下的农户群体内的社会性互动（social interaction）对塑造"新"偏好无疑存在深远的影响。其次，不满足传统经济学均衡分析中对个体所做的"同质性"假定。农业生产以土地资源为核心，农户间基于局部地理范围内的互动比其他任何产业都频繁，由互动形成的农村社会网络对技术扩散必然存在影响。不同的农户在社会网络中的地位是不同的，他们各自受到社会网络影响的力度也不尽相同，这些个体间的异质性既会影响农户的选择行为，也可能对技术扩散的整体进程产生影响。再次，传统的静态分析方法可能存在不足。技术扩散是一个非线性的系统性问题，具有难以进行条件剥离分析的"复杂性"和"动态性"。细微的条件改变可能会对整体技术扩散产生较强烈的冲击，传统的静态分析方法难以把握这些冲击，可能出现不同模型的分析结果差异较大，结论可靠性难以得到保障。因此，农户技术采纳行为的研究就需要一个比经济"理性"更为松弛的假设基础和与之相适应的动态分析方法来进行研究。

农户异质性是研究农户技术采纳与技术扩散的关键点，而有限知识假设是农户异质性的基础。农业技术推广之所有成有败、有快有慢，关键在于农户之间存在异质性，而异质性的重要基础即是他们在知识上的差异。有限知识是个体面对新生事物在认知上表现出的个体知识局限性或不完备性。知识局限的差异塑造了个体之间不同的偏好与选择。有限知识假设不仅意味着个体知识在绝对量上是不完备的，而且也是本土化的（localized）、有偏的（biased）知识。个体的认知水平首先取决于生物演化的系统发生（phylogenetic），其次是经验世界的塑造，即个体发生（ontogenetic），包括社会群体的习俗、道德和惯例等（哈耶克，2015）。他们通过互动会塑造个体之间共享的知识，反过来又对个体决策产生影响，最终演化形成整个群体社会网络共享的信念。由此，原有的社会传统、惯例可能被瓦解或者得到进一步的延展（Abadi et al，2017）。农业技术扩散过程从农户技术采纳决策的多样化最终演化至整体基本趋于一致。

本书从有限知识假设出发，采用实证与仿真相结合的方法，基于农户技术采纳行为的调查，研究农户技术采纳的决策过程，分析农户社会网络对技术群体认知演化的动态影响，从而厘清农户技术采纳的动态变化过程与农业技术扩散的影响因素，力图为农业技术的有效推广提供政策建议支撑。

二、研究的意义

（一）理论意义

第一，提出基于有限知识假设的研究视角，为农户技术采纳行为的演化和农业技术扩散的"过程"提供可操作性的研究框架。相对于理性假设，有限知识假设为研究农户技术采纳决策过程中的适应性行为拓宽了道路，能更好地解释农户技术偏好变化的过程，对传统的理论分析框架进行了有益扩展。

第二，提出农户异质性的本质是个体有限知识约束上的差异，探讨农户群体的社会规范如何影响农业技术采纳决策与技术扩散的动态变化。农户间的知识差异可以在较短时期内通过互动（如交流、学习）逐渐消除。在特定群体内的共享知识是该群体的文化特征，反映不同群体间的文化差异，这些差异所形成的社会规范（信念）可能会对农户技术采纳决策产生较为长期的影响，从而影响农业技术推广的效果。

第三，探讨农户社会网络作为农户间学习的重要载体，如何推动农户技术采纳决策与农业技术扩散的动态演化。有限知识假设并不意味着个体知识处于静止状态，个体的适应性行为表现为学习，从而得到知识更新，社会网络互动是农户之间学习的重要方面。本书将探讨农户社会网络特征如何推动技术信息与知识的传递，从而影响农户技术扩散的效率。

（二）实践意义

第一，提取影响农业技术推广成败的关键性因素，清除农村地区农业技术推广的障碍，推动乡村振兴战略实施。

第二，促进地方政府、科研机构或企事业单位等主体更加有效地在农村地区实施农业技术推广，将技术成果转化为农业生产力，为降低地区贫困做贡献。贫困地区往往农业技术落后，农业技术有效推广将有利于改善农户生存状况、推动地区经济发展。农业技术推广的实施需要不同推广主体的共同努力。

第三，促进农业技术研发面向市场的转变，间接推动中国农业技术研发的成果转化效率。农业研发主体作为农业技术的供给方，将能更好的从农户技术需求出发，研发出更切合于市场需要的技术，间接推动中国农业技术研发的转化效率。

第二节 国内外研究动态追踪

农业技术革新在农业发展的不同阶段均具有不可替代的作用，农业技术只有得到生产主体的采纳才能转化成可见的经济效益，也因此农户技术采纳行为研究始终是学界关注的热点话题。本研究梳理了新近的相关文献，影响农户新技术采纳决策的因素可归纳为以下几个主要维度。

一、农户特征与资源禀赋

农户特征差异往往导致农业技术采纳决策的差异。埃塞俄比亚可持续土地管理措施的推广研究表明，农户采纳行为受到一系列农户社会经济特征、农场特征和技术本身特征的影响，因此技术推广需要更加针对农户个体的差异性（Nigussie et al.，2017）。农户特征、农场特征、生产条件和环境因素等对农户采用新的节水灌溉技术有不同程度的影响（Zhang et al.，2019）。个性特征如对经验的开放态度（level of openness to experience）可能对新技术的采纳存在影响（He & Veronesi，2017）。年龄、教育、农场规模、农户对新技术特征的态度（Gebrezgabher et al.，2015）、家庭储蓄、支出、户主的创新精神（Aklin et al.，2018）、户主性别、收入水平、贷款渠道（Mengistu et al.，2016）都会造成农户技术采纳决策的不同。在性别研究上，Hay 和 Pearce（2014）重点研究了农村女性技术采纳的行为。在不同类型技术的扩散过程中，性别差异有时起到决定作用

（Ndiritu et al.，2014）。有研究表明，农业技术培训可以促进农户采纳测土配方技术，性别也会影响农户的技术采纳决策。在接受培训的农户当中，女性比男性更加接受这种低碳环保的水稻种植技术。（Liu et al.，2019）农户教育水平、拥有的机械、灌溉水供给状态、推广相关变量对农户采用现代水稻生产技术和管理实践存在显著作用（Mariano et al.，2012）。

农户资源禀赋是农户采纳新技术的基础。关键性资源（贷款、收入和信息）、教育水平、土地规模影响农户应对气候变化新措施的多重采纳行为（Makate et al.，2019）。家庭特征、资产状况对农户技术采纳存在显著影响（Mponela et al.，2016b）。其中，土地资源是农业生产的重要投入要素，土地产权制度对应不同的激励形式，将影响农户新技术采纳的决策（Zeng et al.，2018）。Kpadonou 等.（2017）研究指出，土地规模、知晓与培训状况、资金渠道对资源保护型技术的采纳有显著影响。在养殖业中，养殖规模更大的农户比其他农户更能接受新的精准农业技术（Gargiulo et al.，2018）。此外，经济收益是农户新技术采纳的重要考量，新技术使用必须跟家庭资源禀赋相匹配（Grabowski et al.，2016）。虽然有些技术在应对气候变化方面是比较适用于当地情况的，但较高的初始投资和劳动力需求会阻碍农户对这些新技术的采纳（Senyolo et al.，2018）。Nigussi 等.（2017）指出不同农户的经济能力将对新技术采纳产生影响，新技术推广不可采取"一刀切"政策，因根据农户具体情况分类实施。

二、技术认知与技术感知

农户对新技术的认知对农户采纳新技术存在促进作用（余威震

等，2017；盖豪等，2018）。有学者基于公众情景理论对农户新技术采纳行为影响机理进行了研究，农业资讯畅通程度、新技术可获得性等不同情景将会影响农户的技术认知，并对农户技术采纳行为产生显著影响（许佳贤等，2018）。农户的认知能力和建议接受度对新技术采纳存在影响，早期的新技术采纳者往往是那些认知能力较强且建议接受度低的农户，但是，接受他人建议能加速那些具有较低认知能力的农户对新技术的采纳（Barham et al.，2018）。Abay 等（2017）从心理学角度探讨农户的控制信念（locus of control）对新技术采纳决策的影响，具有自我控制信念的农户更容易接受新技术，改善农户的非认知能力（如控制信念）将有助于提升农户新技术的采纳和扩散。农户的认知能力、建议接受程度（receptiveness to advice）对技术采纳行为具有不同的作用，认知能力促进技术的采纳，建议接受程度对技术采纳的影响存在不确定性，这主要取决于农户个体的认知能力（Barham et al.，2018）。技术认知是心理学视角下农户对新技术的认识，反映农户技术采纳决策的心理过程。计划行为理论常常被用于农户技术采纳行为研究（Hyland et al.，2018b）。Hyland 等（2018）从农户心理角度出发，基于计划行为理论研究爱尔兰奶业农民关于新放牧管理方式的采用决策及其影响因素，区分不同类型的农民并实施相应的策略，可以促进新的管理实践的推广（Hyland et al.，2018a）。Karapandzin 等（2019）采用计划行为理论分析农户环境友好型农业技术采纳决策的影响因素，研究显示农户的态度、主观信念和感知行为控制对农民采用综合虫害治理技术有显著影响（Karapandzin et al.，2019）。Adnan（2018）根据计划行为理论研究农户采纳绿色化肥技术的意向，考察农户心理层面的直接或间接作用。研究指出农户的态度、主观信念、行为控制等对农户

技术采纳意向有促进作用（Adnan et al.，2018）。Adnan（2017）将
计划行为理论、理性行为理论（Theory of Reasoned Action）和期望
效用理论（Expected Utility Theory）结合在一起，研究马来西亚农民
绿色施肥技术的行为。新技术可以促进农业可持续性发展和农民增
收，增进农民福祉。心理控制源（locus of control）作为农户的非认
知能力，对埃塞俄比亚农户技术采纳存在显著影响，为农业技术在
农户群体中的缓慢扩散提供了行为与心理的解释（Abay et al.，
2017）。

有别于技术认知，技术感知（perception）的概念相对宽泛，正
面的技术感知对农户采纳决策有促进作用（D'Antoni et al.，2012）。
例如，农户对生态系统重要性的感知会对其采纳生物防控虫害技术
产生影响（Zhang et al.，2018），农户关于可持续农业的感知、新技
术的可行性对农户采纳可持续性农业管理方式存在显著影响（Van
Thanh & Yapwattanaphun，2015）。在技术感知方面，技术接受模型
（TAM）是另外一个常用的研究模型。Schaak 和 Mußhoff（2018）基
于技术接受模型研究农户感知有用性、感知易用性以及主观规范对
农户采纳新放牧方法的影响。埃塞俄比亚农户新品种采纳行为研究
表明，新技术的可获得性会影响农户的采纳决策（Verkaart et al.，
2017）。从长期来说，农户感知的易用性和满意度将对农户是否在未
来时期内持续使用绿色生产技术产生影响（Zhang et al.，2019）。
Kabbiri（2018）对技术接受模型进行了扩展，将农户感知的利好和
社会经济特征纳入模型，解释乌干达农业社区中的农民采纳移动电
话的行为（Kabbiri et al.，2018）。

新技术可能带来的经济效益是农户关注点，但其对农户采纳新
技术的决策影响尚有不同意见。农户对新技术收益预期的态度差异

会对其技术采纳行为产生影响（Barnes et al.，2019）。新品种种子价格、劳动力成本是农户采用新品种的重要影响因素（Dalemans et al.，2019）。但是，也有学者认为经济因素可能并不是农户技术采纳的主要原因。以坦桑尼亚和马拉维的农户为例，土地质量下降是农业可持续发展面临的重大挑战，土地可持续管理方式在农户群体中的传播表明，高产量、高收入或低成本并不是农户偏好新土地管理方式的主要原因，而是一系列非市场因素决定了他们看待新管理方式的态度。农户需求、渴望（aspirations）和偏好超越了短期内的产量和收入的最大化或者直接成本投入的最小化。如果在技术推广实践中不考虑这些因素，恐怕难以推广成功（Emerton & Snyder，2018）。

三、风险偏好

新的农业技术在农村地区的扩散总是表现为渐进的过程，农户的风险偏好差别可能是导致农业新技术扩散缓慢的原因。抗风险能力和新技术操作能力将影响农户对新技术的采纳（吴雪莲等，2016）。尽管风险厌恶程度会影响农户新技术采纳决策以及采纳时间，农户参与合同农业能够缓解风险厌恶对新技术采纳带来的负面作用（毛慧等，2018）。Barham 等（2015）研究了农户在新技术采纳决策中学习与风险偏好的作用，指出农户学习方式存在差异，农户的学习也能够减轻采纳新技术带来的风险。农户风险偏好将影响其是否参加生产合同和采纳新技术的决策，风险规避型农户在生产中更少地进行技术投入（Mao et al.，2019）。风险感知、社会互动、信息来源、推广服务渠道会影响农户新技术采纳意向（Raza et al.，2019）。He 等（2019）和 Barham 等（2014）在他们的研究中探讨了风险偏好、损失规避、模糊规避等农户倾向在农户技术采纳决策中的影响（Barham et al.，2014；He et al.，2019）。坦桑尼亚和乌干达的农户生产行为研究表明，农户的生产风险与新型农资投入之间存在紧密关联（Mukasa，2018）。

也有学者对风险偏好与农户新技术采纳的关联有不同意见，Aklin 等（2018）通过实证指出，农户的风险接受程度、社区信任对农户新技术采纳决策并没有显著影响，家庭储蓄、户主创新态度影响了农户新技术采纳决策。除了研究农户主观的风险偏好以外，某些外在冲击也可能对农户技术采纳带来影响。埃塞俄比亚农村的调查研究显示，生产和健康方面的冲击（Shocks）对农户采纳高成本的农业创新具有负面影响，如改进的种子、化肥和灌溉技术，而生产冲击却可以激发农户采纳低成本的农业创新（Gebremariam & Tesfaye，2018）。在应对各类冲击的措施中，保险是农户的选择之一，不同形式的农业保险可能对农户采纳新技术存在不同影响（Carter et al.，2016）。此外，农作物种植多样性也可以减轻农户面临的生产风险，即使新作物可能并没有传统作物那般适宜于本地种植，农户也会选种一些新的作物，增加种植多样性（Coromaldi et al.，2015）。

四、技术信息、知识与农户学习

技术信息的传递是新技术在农户间扩散的基础。有学者从信息传播的角度研究了农户接受新技术所面临的风险及其对采纳决策的影响。在信息不完备条件下，农户在技术采纳决策中面临较大的主观风险，农户对技术的了解不足是阻碍其采纳该技术的主要因素（汪三贵，刘晓展，1996；许佳贤等，2018）。尽管很多新技术能显著提高农户家庭的收入，但农户参与现代化供应链系统并没有为农户带来比传统市场销售更多的收入。这种情况下，有限的信息渠道和薄弱的基础设施可能成为新技术在早期扩散中的主要障碍（Schipmann & Qaim，2010；Shiferaw et al.，2015；Toma et al.，2016）。研究发现，农户禀赋、信息因素、政策及环境因素、农户对新品种的评价等因素对农户采纳新品种的行为存在显著影响（徐翔等，2013；童洪志，刘伟，2017）。通常的技术采纳模型都暗含了农民个体之间信息流是同质的这一假定，事实上农户接触的关于新技术的信息可能各不相同。有研究者将技术采纳的过程细化为意识到该技术和采纳决策两个阶段（Dimara & Skuras，2003），指出农场至市中心距离（信息获得便捷程度）、农户组织、土地规模和农业收入等因素对技术采纳过程存在影响（Damania et al. 2015；Lewandowski，2015；Abebaw & Haile，2013）。Lambrecht 等认为农户技术采纳可分为三个阶段，即知晓（awareness）、尝试（tryout）、采纳。应当考虑不同阶段影响农户采纳决策的因素，有针对性的进行技术推广（Lambrecht et al.，2014）。最先接触新技术的农户数量通常不多，选择性地对农户进行技术培训有助于从农户到农户的技术扩散，农户之间的社会距离（social distance）塑造了农户关于新技术知识的扩散，社会学习（social learning）可以促进农户之间的信息交换（information exchange）并影响新技术的扩散（Shikuku，2019）。Holden 等（2018）提出领头农户（lead farmers）作为推广者的方式，充分让这些农户接触新的农业技术，通过这些农户向其他农户进行技术传播。信息在农户群体中的传播能够促进农业技术的采纳与扩散（Holden et al.，2018）。Grabowski 等（2019）采用系统动力学建模融合田野实验、作物模型、选择实验方法，探究可持续农业生产技术的采纳与扩散。农业技术效益（如作物产量表现）的不稳定性会影响农户对技术的采纳和扩散。农户学习能力、互动的信任关系对农业技术的成功推广有重要作用（Grabowski et al.，2019）。不同的学习行为包括自我试验性学习和通过观察他人学习，这些行为会影响农户对新技术的采纳（Gars & Ward，2019）。Vaiknoras 等（2019）采用社会网络分析方法（SNA）建立以正式信息源头为核心，联结多个小规模的农户同伴小组（peer groups）的社会网络，研究表明，农户同伴小组有利于农业技术信息在农户之间的传递以及技术的采纳（Vishnu et al.，2019）。社会网络中的非正式扩散、技术推广的可获得性、性别、教育、种植年限对农户新作物品种的采纳存在影响（Vaiknoras et al.，2019）。李博伟、徐翔（2018）以行政村为空间单位，采用空间 Durbin 模型研究了农户采纳新技术在空间上呈现的特征，研究指出技术信息知识在村落空间范围内的传播呈现溢出效应，能够有效促进新技术在村落内的采纳与扩散。

新旧技术之间的兼容性、农户知识在技术推广中的作用应该得到充分重视（Aubert et al.，2012）。关于新技术的知识是影响农户决策的重要方面。农业技术扩散过程是某种技术水平知识群的扩散过程。有学者把农户掌握的信息水平划分为相关意识（awareness exposure，即意识到该项技术的存在）和相关知识（knowledge exposure，即关于该技术的特定知识）两个方面，考察了农户在采纳决策中的选择偏差（selection bias），通过与传统计量模型分析结果对比发现，在农户知识存在差异的条件下，参数估计与传统模型估计明显有差异，表明在该阶段农户已经普遍知晓该项新技术，但在该技术的具体实践和相关知识的普及上应多做工作（Kabunga，2012）。干中学和学习的溢出效应（spillover effect）对农户采纳新技术存在影响。

关于新品种的不完全知识是农户采纳这些新品种的主要障碍，在新品种技术扩散过程中还存在农户学习的溢出效应，即如果农户的邻居是有技术经验的，则能获得相对更多的经济收益（Foster & Rosenzweig，1995；Abebaw & Haile，2013）。但这种外部的溢出效应可能在不同的扩散阶段产生不同的作用。如有研究指出，社会效应（social effect）在社会网络中只有少数人采纳新品种时表现出正向影响，相反，在社会网络中有较多人采纳时表现出负向影响。同时，具备较多知识的农户在做决策时受到其他人的影响较小，并且，在农户的社会网络中，家庭成员和朋友对其技术采纳决策存在显著影响（Bandiera & Rasul，2006；谈存峰等，2017；Nakano et al.，2018）。知识程度差异在家庭内部也可能存在一定的溢出效应，有学者着重研究了家庭内教育程度对技术采纳的溢出效应以及不同经济状况地区的教育对农户采纳决策的影响，指出受到良好教育的家庭成员同样积极参与了决策过程，这有异于以往认为的户主是家庭唯一的决策者，教育水平在家庭内部决策中存在溢出效应，并且教育与环境之间的相互关联对新技术采纳决策存在显著影响（Asfaw & Admassie，2004）。关于新技术知识的增加也能减少农户决策过程中不确定性带来的风险和模糊性（ambiguity）（Mukasa，2018）。农场组织关于知识的吸纳能力（absorptive capacity）即获得、理解、转换、利用知识的能力，对农业技术采纳决策存在重要影响（Yan et al.，2019）。采纳新技术所需成本、技术信息缺失等会造成农户对新技术的采纳率降低。不同作物的生产，农户对同种新技术（如有机肥）的采纳情况是存在差异的。因此，应该针对不同作物生产情况制定相应激励措施，并建立有效的知识扩散渠道，促进新技术的传播（Paul et al.，2017）。

　　农户关于技术知识的学习通过社会网络或社会资本得到改善。农户的社会资本状况对新技术采纳决策存在重要影响（郭铖、魏枫，2015）。Hansen（2015）认为社会资本、社会文化因素、本地完善的农业知识体系对农户采纳新技术有重要作用。智利的农户行为研究显示，社会资本会影响农户关于灌溉技术方案的采纳决策，信任关系、正式与非正式网络、规范、网络规模是重要的因素。社会网络是社会资本发挥作用的催化剂，必须要考虑社会网络的作用（Hunecke et al.，2017）。农户的社会网络是社会资本发挥作用的主导力量，农户对社会网络关系的信任将促进新技术的采纳和扩散（Hunecke，2017）。社会网络、配偶的参与对农户采纳新技术有正向作用（D Souza & Mishra，2018）。李卫等（2017）通过对黄土高原地区农户保护性耕地技术采纳行为研究指出，农户间的交流频率、社会网络学习和政府补贴政策对农户新技术的采用及采用程度均有显著的促进作用。交流只是社会网络学习的方式之一，实际观察到周边邻居采纳新技术而不仅仅只是听说的农户更可能采纳新技术（D'Souza & Mishra，2018）。王格玲、陆迁（2015）将社会网络因素划分为网络学习、网络信任、网络互动与网络互惠等四个维度，构建相对应的指标体系，指出社会网络对农户新技术采纳决策呈现一种倒"U"关系，即不同时期社会网络对农业技术扩散存在不同作用。社会互动（social interactions）和转换补贴对农户采纳有机农业技术存在影响。农户之间的信息追随（informational cascades）对于农户技术感知和采纳行为是非常重要的。转换补贴可以强化农户社会网络中的信息外部性对技术采纳行为的影响（Chatzimichael et al.，2014）。也有研究案例表明，邻居关系对新技术投入并没有显著影响，跟土壤质量有关的环境担忧会促发农户采纳新技术（Konrad et al. , 2019）。

五、生产组织与制度环境

农户群体较低的采纳率和缓慢的技术扩散经常会造成发展中国家技术推广工作的挫败。农民对技术的知晓、新技术采用便利性的提升有利于新技术快速并大规模的扩散，而这些需要在推广工作前期有较多的投入（Yigezu et al. , 2018）。农业技术采纳与扩散，需要政府部门、农户、农业企业、推广服务者和大学研究者共同努力，构建良好的合作框架（Harper et al. , 2018）。Tate 等（2012）研究指出，政府政策的吸引力会影响农民采纳可持续能源技术。Channa 等（2019）采用激励相容实验拍卖测量新农业技术的需求，先前就了解新技术的农户会比那些不知道该技术的农户愿意支付更多的成本，一次性价格补贴能够刺激农户需求、增加采纳率。政府有必要对低收入农户采纳新技术进行补贴，提供一种长期激励（Ashoori et al. , 2018）。农村金融服务的可获得性可以促进农民新技术的采纳，且农村金融合作社比微小金融机构更能推动农业新技术扩散（Abate et al. , 2016）。

在农户组织化方面，合作社参与可以使得农户更方便地接触到新技术，由此促进农户对新技术的采纳（Abebaw & Haile, 2013；Wossen et al. , 2017；Ji et al. , 2019），推广服务获得性、参加合作社组织有利于加快农户采纳新技术的进程（Wossen，2017）。技术培训可以提升农民对新技术的采纳率，且经受技术培训的农户能够影响其周边农户的技术采纳，这表明新技术采纳在农户群体中存在溢出效应（spillover effect）（Yuko Nakano et al. , 2018）。农民参与农民社群（farmer cluster）对农户采用新的养殖管理技术有促进作用，政府部门跟农民的互动频繁程度、农民感知的市场风险也会对促进这些新技术的推广（Joffre et al.，2019）。跟推广人员的接触、农户组织参与、教育、生产模式对农业灌溉技术的采纳起到重要作用（Abdulai et al.，2011）。技术推广模式如"农户到农户"，对农业技术扩散存在影响（Permadi et al.，2018）。技术帮助式交流（technology-aided communication）在农户的态度、主观规范、感知行为控制和技术采纳意向之间存在调节作用。（Adnan et al.，2017）

土地制度可能会影响农户关于新技术的采纳决策。土地产权缺失可能阻碍农户的农业技术采纳，埃塞俄比亚玉米种植户的实证表明，分成制（sharecropping）可以促进农户对新品种的采纳，土地租赁市场的制度安排影响了农业新技术在农户群体中的扩散（Zeng et al.，2018）。Xu 等（2014）指出土地制度、农业政策支持、田块特征等对农户有机肥采用的作用。也有研究表明，土地产权、金融服务支持影响了农户土地管理措施的偏好（Tarfasa et al.，2018）。

农业技术采纳研究不仅要考虑农户在农业生产实践中的社会文化关系，还应注意农户以何种方式知道并介入这些农业技术。新的农业技术需要嵌入农户现有的生产环境并以灵活的方式向农户推广（Higgins et al.，2017）。农业技术培训是新技术推广的有效方式，但农业技术培训往往是针对少部分农户的，更重要的是要弄清农业技术在农户之间的扩散过程（Nakano et al.，2018）。现代农业技术推广有利于提升农业生产效率、改善发展中国家贫困农户的福利。先进农业技术采纳是提升农户生产效率、降低贫困的关键，但往往这些技术的扩散效果并不乐观。技术采纳过程中的价值链（value chains）作用需要得到重视，价值链的组织和创新可以促进新技术的采纳，这个价值链不仅包括了下游企业，还包括农户（Swinnen &

Kuijpers，2019）。价值链对发展中国家食品链中的技术传递可能存在重要作用（Janssen & Swinnen，2019）。

六、文献评述

纵观已有研究可以看出：第一，学者们对农户技术采纳行为的研究考虑了多方面的因素，也注意到了信息、知识在农户技术采纳决策中的重要作用，并不断地修正模型，是富有启发的工作。然而，这些研究关于农户之间的社会互动考虑不足，社会互动是小农基于社会网络的信息传递和相互学习的过程，也是解释农业创新在农户群体中传播规律的核心要素。社会互动形成的惯例、规范将在一定程度上阻碍农业创新的产生及其扩散，这在以小农为主导的发展中国家农村社会里表现得尤其突出。第二，新古典经济学对个体选择的"理性"假设并不适用于农户技术采纳过程的研究。理性假设下的小农需要具有关于农业创新的完备知识，此时小农才能够对不同技术条件下的成本和收益进行精确计算，从而做出"最优"选择。现实中农业创新扩散的过程表明，小农首先必须意识到农业新技术或新品种的存在，这需要一个信息传递过程，其次小农所具有的关于农业创新的知识往往并不完备，尤其是新技术跟原有生产体系存在巨大差别的情形下，小农只有通过学习和体验才能够更新认识，从而具有做出技术比较的知识或能力。本研究提出以有限知识为假设基础，农户在技术采纳过程中的认知变化与决策行为有望得到更为合理的解释。第三，现有经济计量方法在处理农业技术扩散过程方面力不从心，需要构建一个基于"过程"的动态模型，能够兼顾农户行为的"能动性"以及从微观农户选择行为到宏观扩散现象的过渡，基于智能体建模（Agent-based Modeling，ABM）的仿真方法与实证方法的结合将能解决这一困难。

本研究将基于有限知识假设这一更具一般性的范式，打开农户技术采纳决策过程的"黑箱"，尝试以计算机仿真的研究方法，探析异质性农户之间的互动规则，研究社会规范与社会网络对农业技术扩散的影响，讨论农业技术推广过程中的非市场因素影响，从实践上为中国在农村地区或其他合作国家的农业技术推广提供可能的启示。

第三节　研究方法

一、计算社会科学的兴起

在演化经济学的分析方法方面，强调结构—过程的分析方法（赵凯，2005）。该方法由行为主体、结构性约束（三个方面：自然的、物理的、时空的约束；传统的约束；正式制度规则的约束）、社会互动（两个方面：主体之间；主体与约束之间）、动态历时变化和结果四个基本要素构成。复杂系统理论借助计算机科学发展起来的分析工具正受到越来越多演化经济学家的关注。计算机科学和社会科学的交汇逐渐形成了新的学科研究领域，即计算社会科学（Computational Social Science）。它模糊了经济学、管理学、社会学的学科边界，从个体到系统的不同层次来研究人类社会行为。计算机仿真能够模拟主体在结构性约束下的行为以及这些行为在时空中的动态变化，这有望为演化经济学的分析提供强有力的研究工具。

二、基于主体的建模方法

英国学者 Gilbert 是将基于主体的计算机建模 ABM 运用于社会科

学研究的开拓者。这种建模方法能满足演化分析的需要，充分包容不同个体的多元特性，摆脱了主流经济学的同质性假设（于斌斌，2013）。基于主体的建模方法体现了一种全新的建模思想，它正是基于行为主体及其行为规则进行建模的，重视主体间的互动和动态发生的过程。主体可以是单个人，也可以是细胞、企业或国家，建模可以满足参与者的异质性假设以及发生过程里的随机假设，这超越了新古典的一般均衡分析所做的个体同质假设，并在分析上打破了原有的均衡分析方法，由随机过程带来波动可能会持续存在，而不是稳定的均衡点，因此在分析上可以是一个动态的"过程"。在制度相关问题研究上，这种分析方法恰好迎合了制度变迁动态过程的需要，比如特定社会规范的逐渐演化与形成，及其对个体行为的影响。特定社会群体关于技术创新的采纳应该作为一个过程来进行剖析，而不仅仅是要得到一个稳态的均衡，由此可以对该复杂过程的影响因素能有更进一步的认识。农户个体对一项新技术的采纳不是一次性决策，是在不同期的决策，农户不仅会盘算当期下不同情形的预期收益状况，同时也会受到所处环境非市场因素的影响，而这一点并未在现有农业技术扩散相关的研究中得到足够的重视。

基于主体的仿真建模的另一个特点是由下至上（bottom-up）的思想，注重单个主体之间的互动，能对群体可能呈现出的某种型式（pattern）做出一些探索性的解释。从这个意义上，仿真建模是遵循方法论个人主义的，通过设定个体对不同情形条件下的反应机制，观察多个主体之间的互动结果。这种建模方法完全不同于传统经济学的建模思路，传统经济学是由理性范式一贯之的，其微观层次以成本—收益分析来解释个体的行为模式，而仿真模型更加灵活自如，主体可以有多条零散的行为规则（if-then），能够由此更详细地描述主体，把个体看做具有"适应性（fitness）"的主体，从而更接近于现实世界。在宏观现象层次上，仿真建模方法并不需要做过多的努力，只要对个体的行为规则作出足够详尽的描述，通过大量个体的互动结果便可以对群体特征进行观察和研究，这是传统建模方法不可想象的，一般的宏观分析通常是数学意义上的个体加总（aggregate），这一点也是批评者们最善于挑选的软肋，仿真建模为解决这个问题提供了一条全新的思路。社会规范的约束是基于个体信念特征的，又是群体共享的，与仿真建模解决问题的基本思想不谋而合。

第四节　可能的贡献与结构安排

学术界关于新古典经济学的批评由来已久，典型如奥地利经济学派一直是攻击新古典经济学的主要阵营，新古典经济学也正是在这些批评的声音当中不断得到完善，由此屹立于"主流"的地位。批评一套理论是容易的，要想建设一套新的理论非常困难。从历年来诺贝尔经济学奖的风向标来看，尽管越来越多边缘性的经济学分支逐渐崭露头角，如博弈论、新制度经济学、行为经济学，但事实上仍未能撼动新古典经济学的支柱地位。诚然，科学不分主流与非主流。从知识对社会进步的贡献来讲，经济学理论的发展还是尤其缓慢的，甚至是波折反复的。演化经济学在众多理论分支中尚属年轻，也富有活力，从演化视角研究个体行为更能够把研究视野拉回到现实中去，可将那些被主流经济学忽视的非经济因素对个体决策的影响纳入到研究框架中来。"黑板经济学"不一定错，关键在于如何松弛假设，找寻到考察个体行为的统一角度和切实可行的研究方法。演化经济学的发展如同其他新兴经济学分支一样，面临众多新古典经济学维护者的责难，即缺乏统一的研究范式以及与之对应的可行的研究方法。从这个意义上讲，本研究企图做出以下初步的尝试，也算作是可能的贡献：

第一，提出适用于个体偏好变化研究的"有限知识"基础假设。从个体的有限知识假设出发，构建农户技术采纳决策模型，研究异质性农户在农业技术推广过程中的适应性行为。本研究将为解释农户技术偏好变化和异质性农户在互动中的适应性行为提供更具一般性的理论框架。

第二，把 ABM 建模思想引入小农决策行为的研究当中，通过构建动态仿真模型研究群体技术认知变化与农户技术采纳动态决策问题。以往研究多以静态分析为主，本研究将农户社会网络互动与社会规范因素纳入农业技术扩散过程，采用 ABM 仿真方法构建动态模型，考察农户社会网络互动与技术采纳动态过程，研究农户群体技术认知与技术扩散的协同演化。

第三，推动演化经济学走向可能的统一范式和研究方法。演化经济学作为一门新兴学科为研究者们描绘了美好的理论轮廓和理论发展前景，但更多的是从经济学到生物学的生硬类比和框架性的探索，缺乏统一的研究范式，因此演化经济学的传播也始终停留在少部分的"信仰者"那里。本书怀抱着"不切实际"的理论野心，希望通过对农业创新扩散的研究为演化经济学视角下的个体决策行为研究打开一扇窗，提供一个可能的演化经济学的统一范式，即有限知识假设，从这一假设出发探讨个体的学习以及决策的过程，并结合新近的计算社会科学的方法，使所有个体行为中的演化思想变得具有可操作性，以此促进演化经济学的发展和传播。

　　本书接下来的结构安排如下：第二章从演化经济学视角展开对农业技术扩散的理论分析，寻找适合于演化分析的研究方法，探讨基于计算机技术的社会仿真手段的基本思想和原则。第三章利用基于主体的建模方法研究社会规范对农业技术扩散的影响机理。第四章结合社会网络分析方法研究社会网络特征对农业技术扩散的影响机理。第五章多个新品种扩散情形下的模型构建与仿真分析，研究农户在作物病害危机背景下面临多个抗病新品种的决策行为以及新品种在农户群体中的扩散效果。第六章是主要结论与研究展望。

第二章　新的理论基础：基于有限知识假设的演化视角

第一节　演化经济学的理论特征

演化经济学一词源于凡勃伦 1898 年的《经济学为什么不是一门演化的科学》一文，凡勃伦、康芒斯等是老制度学派的代表，批评主流经济学源于简单的机械论，试图推翻主流经济解释的理性范式。因此，演化经济学一开始就带着浓厚的老制度主义的色彩，但随着实证主义科学哲学的兴起和经济数学化的趋势加剧，演化经济学的发展陷入了停滞。直到 1965 年，老制度主义得到复苏，成立了演化经济学学会，并从 1970 年开始颁发"凡勃伦—康芒斯奖"。随着自然科学的迅速进展，演化经济学也迎来了又一次发展的新契机。博尔丁（Bouding）在 1981 年出版的《演化经济学》、纳尔逊（Nelson）与温特（Winter）在 1982 年的著作《经济变迁的演化理论》，是演化经济学形成的重要标志。贾根良（2011）认为，可以将演化经济学定义为，对经济系统中新奇的创生、扩散和由此所导致的结构转变进行研究的经济学新范式。

目前，演化经济学还未形成新古典经济学的替代范式，但在近些年的迅猛发展中逐渐积累了一些共识。纳尔逊对现代演化经济学的共同特征做了如下总结：第一，演化经济学强调经济的动态过程，以非均衡的过程作为研究内容，而不仅仅只关注均衡分析；第二，演化经济理论认为存在着强大的惯性趋势，强调"路径依赖"对于经济分析的重要性。（刘梅英、蔡玉莲，2008）与此同时，经济过程中也存在着引入新变异的持续力量，正是这些力量使得有益的创新成为可能，从而推动着经济增长。霍奇森（Hodgson）认为演化经济学在当前存在如下一些共识：第一，世界的变化不仅仅是数量上的变化，更是质量上或结构上的变化。这意味着经济解释要注重经济的动态过程，这与纳尔逊的观点一致。此外，经济解释应更关注结构性的变化，注意现象在不同层次上质的差异。第二，创新的发生是经济变迁的重要特征。如果在经济演化的进程中没有"变异"，根据新古典经济学的一般均衡分析我们无法获得经济变迁的解释。经济系统中的创新就是变异的力量，也是行为多样性的源泉。第三，经济系统具有复杂性特征，经济过程涉及非线性过程、无序或混沌的互动。复杂性暗含地假设了经济主体的能动性与适应性，这些具有适应性的主体在互动过程中存在随机性，导致了系统运行结果的不确定性。第四，经济系统中呈现的所有复杂现象均不是人为设计或上帝设计的。（黄凯南，2011）实际上，这也是经济系统复杂性特征引致的推断，暗含着经济现象中"涌现"的秩序。但这种秩序并非通过行为个体设计而来，而是经济主体按照自己的行为规则在社会互动中产生的效果。从某种程度上，亚当·斯密"看不见的手"就是这一效果的具体体现，主流经济学指出了市场无形之手的存在，肯定了价格对于资源配置的作用，但只关注效率的结果，并不关心这种结果如何发生、力量如何形成。演化经济学的产生正是对这一过程进行审视。

新古典经济学被看作是经典牛顿力学的隐喻，演化经济学则更多的是同达尔文主义联系在一起。演化经济学注重动态过程，时间对演化经济分析是一种基本的理论构件。瓦尔拉斯的一般均衡理论不考虑时间这一约束，它并不是像一般人批判的那样要告诉人们交易的发生不需要时间，而是说最终发生的交易落在某一均衡水平。演化经济学则认为现实世界不存在一个稳定的均衡，它是动态变化的过程，因此，经济学的使命不是要关注均衡的分析，恰恰相反，应该重视解释非均衡的存在。在这一点上，这两者并不存在实质性的矛盾，只是对经济解释的任务指向不同。弗罗门（Vrome J）指出，演化经济学的新颖之处在于将正统理论中处于背景状态的演化力量和机制作为核心的研究内容，演化理论可以是经济变迁的一般理论，新古典经济学是特例（贾根良，2004）。希克斯、凯恩斯等人对将时间与变化这些要素融入主流经济学里的工作进行了有益的尝试，基于均衡分析在静态与动态分析之间搭建桥梁，但仍然面临巨大的挑战，在解释从一个均衡到另个一均衡如何发生上遇到了困难，被批评为将动态静态化，而非将静态动态化的尝试（杨虎涛，2008）。事实上，问题的争议并不在于时间，而在于变化，只不过这种变化经由时间而发生。演化经济学关注这种变化的存在，知识、偏好等随着时间的变化而变化，并在人的行为中产生了决定性的影响。

演化经济学注重经济过程中"新奇""创新"的发生，这一点被新古典经济学忽视。熊彼特认为经济向前演进的直接动力就是企业家的创新，这些创新促进了资源要素的重新组合。科斯纳指出人的知识是不确定性的、不可预测的，这意味着某种创新在多样性的个体之中涌现的可能。新古典经济学虽然意识到了技术进步对经济增长的作用，但只是将技术进步作为模型分析的外生因素。根据新古典经济学的经济增长理论，资本和劳动是维持经济增长的重要决定因素（柯布—道格拉斯生产函数），技术在短期内可以是给定的约束，但从长期来讲，技术变革是经济增长的关键因素。技术本身又是资本、劳动等要素的组合方式，技术进步就暗含着其他要素的利用效率得到提高，新古典经济学的增长模型难以包容技术这一因素。20世纪，新熊彼特主义的复兴将内生增长理论带入人们的视野，指出新技术对旧技术的替代是创造性破坏的过程，强调技术要素的内生性和知识积累。罗默对新古典主义的增长模型进行了修正，指出了人力资本知识的重要性，知识作为投入促进新技术的产生，最终经济增长取决于劳动力、物资资本、人力资本和技术。内生增长理论在最近二十多年来得到了重视和发展，但在实证分析方面仍然面临巨大的挑战。

演化经济学关注个体的能动性、适应性，这与新古典经济学对人的基本假设区别开来。尽管熊彼特与凡勃伦在本体论和方法论上截然对立（黄凯南，2011），但熊彼特对演化经济学的发展也起到了重要的推动作用。演化经济学坚持方法论上的个人主义，该方法论正是由熊彼特在1908年最早提出的，其主要含义是所有的社会现象原则上只能用个人的特征、目标和信念来解释。（贾根良，2004）方法论的个人主义是主观主义的重要补充。主观主义是奥地利学派最突出的方法论原则。演化经济学的发展与奥地利学派始终联系在一起。主观主义强调社会科学解释必须从行为者的主观心理状态出发，这需要在解释中谨慎对待情境和理解的作用，认识到行为主体的主观感受在解释经济行为当中的作用。（贾根良，2004）在奥地利经济学的基本公理中，第一公理即是人的行为是有目的的，这也是经济科学普遍认可的公理（罗宾斯，2000），表明人的行为不是条件反射式的行为模式，而是基于特定目标的。其辅助性的公理是：不同的人具备不同的偏好与能力；行为经由时间发生；人从经验中学习，即人们以某种方式获得知识。（罗斯巴德、科兹纳，2008）新古典经济学假设人的偏好具有完备性、传递性、连续性，并且是给定的，这些假设维持了经济解释在数学处理上的简洁性。然而，科兹纳在《论奥地利学派经济学的方法》一文中说，除了人的有目的性的行为以外，奥地利学派的第二大原则是，人的偏好、预期和知识是不确定的和不可预测的。演化经济学强调个体在环境中的适应性特征，个体能够通过学习和模仿改变行为模式，通过能动地与其他个体间的互动、与制度的互动改变自己的知识状态、塑造自己的偏好。

演化经济学的分析框架趋同于达尔文主义，但又有所区别，同时受到复杂科学等学科发展的影响。演化经济学是基于微观个体的决策行为，重视过程，强调结果非决定论；达尔文阐述的则是系统对个体的选择机制，是从系统角度，重结果轻过程。霍奇森指出，达尔文主义的演化机制"遗传—变异—选择"只提供了一个抽象的原则，对于具体演化过程的描述必须借助其他工具，如复杂适应系统（CAS）。实质上，复杂科学的兴起对演化经济学影响颇重，从霍奇森对现代演化经济学的认识中便可知晓。演化经济学在对现象的分析上更多地是整体主义。整体主义与还原主义相对立，强调从各自的层次上对现象进行整体性的研究，而非还原到较低层次进行解析。演化经济学不仅仅考虑个体层面的行为模式，同时更加关心群体层面的行为，考虑群体行为的方式对个体的影响。（商孟华，2006）演化经济学强调经济过程的非线性本质，在时序上是不可逆的复杂系统。该系统在较高层次上所表现出的性质和特征，并不能从较低层次的组成部分、相关知识找到解释，从而也无法进行预测。在演化经济学分析的工具方面，演化博弈的最新发展为演化过程的动态分析提供了有力支持。演化博弈与演化经济学在分析框架上均受到达尔文自然选择理论的影响，也都强调个体有限理性的假设，演化博弈有望对演化经济学思想的形式化表述带来希望。

按照《经济学文献杂志》的分类，制度和演化属于非正统的经济学范畴。虽然演化经济学受到老制度主义、奥地利学派、"新熊彼特"学派等思想的深刻影响，但它在维护现存体制、经济自由主义、推崇市场力量并不完全与正统经济学形成对立，而是作为补充的存在。（张林，2011）演化经济学并不必要一味地抵制经济数学化，而恰恰需要不断地从不同学科的发展中寻找支持，如生物学、认知科学、复杂科学、计算科学，当然也不排除数学的表达工具。

第二节　农业创新与扩散

对技术创新的分析是演化经济学的研究重点，演化经济学的现代发展越来越重视个人认知、技术和制度的共同演化。（于斌斌，2013；黄凯南，2009）演化经济学强调技术进步对经济增长的作用，技术创新是经济演化的持续内在动力。熊彼特在 1912 年的《经济发展理论》中第一次提出了旨在解释经济变迁和进步的演化经济学框架。他认为企业家的创新类似于生物学中的"变异"，企业家是在技术革新的创造性毁灭过程中的核心动力。（陈柳钦，2011）新技术的创生是经济演化进程中的变异，创新的扩散相当于演化进程中的遗传，同时伴随着社会群体对它们的选择和淘汰。

Rogers（2003）指出，扩散是创新通过特定的渠道在一段时间后被社会成员知道、接受和采用的过程。创新的扩散机制是演化经济学关心的主要内容之一。Kemp（2000）认为扩散机制具有路径依赖和报酬递增的特征。技术的演化过程存在着路径依赖现象，技术的传统、惯例可能会对技术的新变革产生阻力，在人们对技术的选择和使用过程中，有关技术的辅助性知识得到了不断强化，产生使用特定技术的惯性力量。

黄凯南（2009）指出，影响扩散机制的因素有互动的网络结构、互动主体间的异质程度、技术和制度。纳尔逊（2001）提出技术与制度之间的关系可以理解为两者的协同演化，协同演化应该被看作经济增长背后的推动力。制度为人们的日常生活提供了行为准绳，从而降低了不确定性以及人与人之间不必要的"摩擦"。关于制度的定义仍然存在诸多争议。诺斯认为制度包含了正式规则（如法律）和非正式规则（如宗教、惯例），以及这些规则的执行安排。这表明制度一词在经济学领域内的含义更加宽泛。制度并不能独立于行为主体而存在，而必须在与个体的关系中得到定义，制度作为外在的规则如果对主体不产生决策上的影响便不能称之为制度，相反，制度应该是内化的知识结构，约束或驱使着人们的行为选择。哈耶克把制度定义为社会成员自发创造的并自愿遵守的共同知识的集合。技术的本质也是知识，技术的知识与制度的知识融合互补才能共存。从这个意义上说，技术并不能脱离制度而存在，形形色色的技术是构成人们生活传统的一部分，一项新技术的到来，是对旧传统的"入侵"，并不单单是个体采纳决策的问题，而是在群体层面，新的技术能否促进社会构建出新的社会规范（social norm）的问题，这种社会规范对群体的影响可以是长期的，这一过程暗含着制度的变迁。

然而，在完全理性假设的框架之下纳入"制度"这一要素没有理论前途，但这并不意味着否定新古典经济学在经济解释方面的重要贡献，而是要指出主流经济学范式的可解释范围是局限的，不是毫无疆域的。演化经济学基于有限知识假设的解释框架更加具有包容性，为研究技术扩散中涉及"新奇（变异）""制度"等问题开辟了道路。

第三节 异质性个体的基础：有限知识及其适应性

研究农户技术采纳行为的过程必须回到以"知识"为基础的分析框架中来。知识是演化经济学的基本概念，但它却很难被定义（Lachmann，1977）。知识具有随时间不断变化的特性，这种变化的方向也不是确定的。哈耶克在《感觉的秩序》中指出，由于外部环境的刺激，神经元之间脉冲的联结构成半永久的型式（pattern）或永久的地图（map），依靠这些型式或地图，大脑完成了对外部刺激的分类。大脑本质上是一个分类系统，这种分类的能力就是知识。因此，从广义上讲，知识是特定物理结构表现出的对外部刺激做出反应的模式。在演化经济学的语境里，知识是行为主体的内在约束。行为主体的知识结构决定其对客体的认知程度与利用能力，同时，客体的表现反又将影响主体的知识以及认知模式。（杨虎涛，2007）纳尔逊和温特在演化分析框架中，强调知识就是惯例的核心要素，新奇创生是现有要素组合的结果。哈耶克指出，在非均衡状态下，人的知识是不完美的，有些人在犯错误，而均衡状态下没有人犯错误。拉赫曼认为市场过程是永不停息的知识流的表现，这是奥地利学派经济学的基本见解。市场被视为非均衡的过程，市场过程的运转永远无法达到所谓的"均衡"，恰恰是源于知识的永久变化对消费者和生产者行为的影响。哈耶克在知识扩散原理中指出，竞争过程就是知识的发现和扩散过程。（商孟华，2006）对个体偏好的动态变化与适应性选择行为的理解必须回归到"知识"这一更加一般性的概念上来，并由此推演、构建新的解释范式，从而对现有的经济学理性假设做出更具包容性的扩展。

从有限知识的假设出发，农户在技术扩散过程中的偏好变化与适应性行为能够得到更为合理的解释。在有限知识假设下，个体对外部环境的适应性表现为个体的学习，而不是机械地条件反射式的理性计算。个体可以通过学习获得知识的修正或补充。个体的学习有两个主要方面，即直接经验的"干中学"和间接地从他人或其他媒介的学习。（Baerenklau，2005）面对一项新的农业技术，具备不同知识的农户对新技术的认知存在差异。当我们把农户对于新技术的采纳看做是一个动态过程，个体的知识将在这一过程中不断得到更新，从而他们的选择行为也将发生演化。农户间的异质性本质上源于个体间知识的差异，也正因为有这些差异，才会出现对于新技术采纳的不同态度。有部分个体总是比其他个体要较早地在生产中尝试新的技术。这些细节的过程并不为主流经济学所重视，要对此进行考察必须从一个更加一般性的概念出发，并且不能脱离方法论的个人主义，要关注个体的异质性以及适应性，这是行为演化的基础。

现实世界里，个体的认知通常是有限的，但可以通过学习和实践经验来增进某项特定的知识，这是个体的适应性规则。个体学习的媒介和途径很多，大致可以分为两类，一是媒介信息渠道，如广播、电视、报纸、手机通讯、因特网等；二是社会网络中其他个体的交流、互动。个体学习具有主动性的特点，这是群体具有适应性的根本动因。如果个体没有内在的诉求，被动接收的只能是信息，无法转化为知识，从外部信息到内化的知识是一个跃迁，因为知识可能改变人们的偏好，进而彻底影响人们后期的决策行为。传统的经济学没有办法把握偏好改变这类问题，也没有很明晰地去区分信息和知识，通常是将这两者混同在一起，或者完全不讨论知识，只从信息是否完全的角度来考察经济现象，并潜在地认为信息就是知识。实质上，信息对于主体来说只是外来的刺激，主体通过已有知识对刺激做出反应，在此过程中主体的知识状态可能发生改变，进而影响偏好和最终行为。相对于信息对人们选择的影响，知识的影响是更加长期性的，更加稳定，不轻易发生改变。关于一项新技术的信息和知识，主体是否意识到此技术的存在取决于信息的传播，主体是否掌握了此技术则是一个知识问题。

　　个体具有有限知识的含义，不仅是指在绝对量上是不完全的，而且对于个体而言也是本土化的、局限的（localized）。个体的认知水平首先取决于生物演化的系统发生（phylogenetic），其次是经验世界的塑造，即个体发生（ontogenetic），包括社会群体的习俗、道德和惯例等。现实中个体的认知存在无法触及的范围，也正因为此才产生不同的种族文化。不同的个体对同样一件事物的理解可以大相径庭，社会传统的承袭和演化局限于特定物理环境下的群体。从个体层次来讲，他们本身并不关心会产生什么的宏观型式，甚至跟周围其他个体之间的互动也是随机的，通过互动会塑造个体间共享的知识，从而对个体产生决策影响，最终形成整个区域社会网络共享的信念，原有的社会传统、惯例可能被瓦解或者得到了进一步的延展，这是新的秩序的涌现（emergence），新技术的采纳过程贯穿在局部的随机混乱到整体的趋势一致。

有限知识假设与新古典经济学的理性假设并非竞争关系，前者是在后者基础上更为松弛的框架扩展。现代学者对传统经济学理性假设的现实性进行了严厉批评（Gigerenzer & Selten，2002），赫伯特·西蒙提出有限理性假设，强调信息不完全性以及个体信息加工能力上的局限（西蒙，1989），其本质是个体知识的有限性。有限理性将不完全信息、信息处理成本和非传统决策目标函数等要素引入经济行为分析（袁艺、茅宁，2007），然而，在理性假设下的主流经济学模型完全可以吸收上述分析要素，这使得有限理性假设的基本内涵在操作上并不能对主流经济学形成实质性的挑战（Friedman，1953）。基于理性假设的经济理论确实为理解人们的经济行为提供了经典的解释框架，但也必须承认其在解释某些特定现象时遇到的困难。新的农业技术在农户群体中的扩散过程涉及农民个体的知识差异以及互动过程中的学习、模仿等适应性行为，从有限知识的假设出发，个体对外部环境的适应性表现为个体的学习，而不是机械地条件反射式的理性计算。有限知识的假设不仅更加贴近现实，也给个体的能动性和适应性提供了理论空间。个体异质性的基础是个体间知识的差异，存在知识差异的互动才是有演化意义的。有限知识假设下的异质个体使得选择行为的多样性成为可能，也是新秩序涌现的基础。个体学习的能动性意味着个体不再是传统意义上的制度遵守者，而是制度演化的推动者。

第四节　社会规范：适应性行为的表现

社会规范（social norm）的概念可以追溯到休谟（1739）在社会秩序构建中对规范（norm）的重要作用的阐述。规范让人们对于产权有了共识，即谁拥有什么样的权利，也使人们认识到何种物品可以在交易中充当货币，甚至对人们说的每一句话的意义都进行了定义。社会规范是调节人们之间互动的行为惯例规则（customary rule）。在共享的规则之下，个体的预期趋于相似，从而降低了个体之间互动的交易费用。Lewis（1969）指出，一种特定的处事方式一旦成为一种规则，那么它将持续发挥作用，因为个体倾向于遵从这一规则，并预期其他个体也将遵从此规则。

尽管大多数社会规范的存在有益于人们在相对低的成本之下达成某种秩序，但社会系统并不总是保留那些在经济上具有效率的社会规范，相反，那些看似缺乏效率的社会规范可能大量存在，社会规范是在随着个体之间的互动逐渐在历史当中构建和传承的，它的演化必然是社会互动积累的结果。人们所遵守的交通规则便是演化的产物，很难说"行人车辆靠左行"与"行人车辆靠右行"哪个更有效率，这两种规范均存在于经验世界中。另外，很多繁琐的礼仪并没有给任何一方带来福利，但人们仍然持续地维护着。这表明社会规范的演进方向并不一定是指向经济效率的，而很可能是对效率的阻碍。无论怎样，社会规范的延续都是个体适应性行为的结果。

个体在有限知识的情形下对外部环境的适应性不仅仅表现在学

习上，还表现在决策过程中借助社会规范的协调力量。社会规范是群体共享的信念，对有限知识个体的决策起到了辅助作用。社会规范是特定群体共同持有的一系列信念或知识，它是在人们不断的互动中逐渐形成，反过来又成为直接作用于个体的隐性规则，另一方面又不同于具有强制效力的法律。威特（Witt）类比进化生物学的个体群观念（population thinking），认为个体对创新者是模仿还是反对，取决于群体中其他成员的选择。在社会规范的作用之下，技术创新能否被个体成员所接收，取决于创新带来的预期利益和群体对这项创新的整体态度。信息追随理论（Information Cascade）基于不完全理性的假设指出群体中个体决策存在跟随效应，这种跟随甚至带有盲目性，个体处于巨大压力，忽略技术创新可能带来的好处。但信息跟随并没有明确强调社会规范向前演化的动力，这就是个体的异质性。个体之间的互动依赖社会规范的协调，但知识差异使个体的行为呈现多样性，为背离群体选择的个体行为埋下了种子，这种变异可能会在时间中得到积累，从而引致旧社会规范的瓦解、新社会规范的建立。

社会规范的承袭和演化也局限于特定物理环境下的群体。从个体层次来讲，他们跟周围其他个体之间的互动可能仅仅局限于一个有限范围的社会群体，通过互动塑造个体间共享的信念，从而对个体的决策产生影响。社会规范并不能简单地由理性假设推倒出来，它具备了理性假设以外的要素，社会规范的内化（internalized norms）对于个体而言并不需要外部监察（sanction），个体并非是理性计算了违反此规则受到的"惩罚"后才做出决策，而是通过内在的监察来指导行为的，如羞耻感。（Jon Elster，1989）

社会网络是小农互动的重要载体，任何群体规范的演化都离不开社会网络的作用。需要注意的是，农户的社会网络不仅是形成社会规范的场所，也是小农之间交流学习的媒介。小农通过社会网络传递关于农业创新的信息、知识，而小农在社会网络中的不同位置可能会影响信息和知识传播的效率。因此，小农的社会网络特征必须作为农业创新采纳与扩散的重要考察因素。

第三章　社会规范与农业创新扩散

西方发达国家在非洲的农场大多以失败告终，发达的农业技术并未得到当地的广泛接受，中国在非洲的技术援助工作也将面临严峻挑战。技术援助是中非农业合作的重点，技术援助的实施旨在传播中国相对先进的农业技术，扩大中国在国际事务中的影响，实现双方合作共赢。以技术在农户间的扩散为着眼点，从微观层次分析技术扩散过程中存在的影响因素，将为我国在今后的农业技术示范与推广工作提供启示。学术界一直对国际社会展开的非洲发展援助存在争论，一般研究是从援助投入对受援国经济增长的影响等宏观角度来评价援助的效果。本章以农户为技术传递的目标个体，构建基于有限知识的演化模型，利用新近发展的计算机仿真方法，考察社会规范和农户个体间学习对技术扩散动态过程的影响，从而为我国在非洲的技术援助与推广工作提供一些启示。

技术援助涉及到技术创新及其传播的问题，传统经济学的分析框架显然已经束缚了关于创新、制度等问题的研究。知识的范式比理性假设更加具有包容性，它能提供一个新视角来考察群体中的互动过程以及制度（如特定社会规范）的演进。从这个意义上，经济学的现代发展应该更多地去碰撞达尔文主义（贾根良，2004），从理性人走向适应性当事人的假设（鲍尔斯，2006）。尽管经典牛顿力学式的经济学已经借助数学逻辑形式日趋成熟，但必须注意其解释力在特定社会现象上的局限性，尤其是在关于创新及创新扩散的研究领域。

对于一部分未得到很好解释的问题的持续追问必然推动现代经济学的进一步发展，这就需要从其他学科汲取更多的养料，打破僵化的学科分类，并利用现代化的研究手段，拓宽科学能够到达的边界。

第一节　模型构建与研究设计

一、基于农户决策的演化模型构建

基于 Agent 的仿真建模思想强调主体的行动规则，对于一项新技术的扩散，单个农户主体有两个选择：采纳新的技术和沿用传统技术。本章要考察的是一系列的选择行为，假定每个农户主体每一期都处在不断的更新中，更新包括了两个主要方面：农户感知的采用新旧技术下的收益和与其局部关联的其他农户的选择行为。一致性程度（the degree of conformity）度量了后者对前者的相对重要性（鲍尔斯，2006），其取值范围 $\lambda \in [0, 1]$，也可以理解为对于其他农户选择行为的跟随程度。根据复制因子动态方程，把每个农户主体采纳新技术的倾向和不采纳新技术（使用传统技术）的倾向分别定义为：

$$\begin{cases} \phi_{i,t}^{A}(\gamma,\ n_{i,t}^{A},\ b_{i,t}^{A}) = \gamma n_{i,t}^{A} + (1-\gamma)\ b_{i,t}^{A} \\ \phi_{i,t}^{N}(\gamma,\ n_{i,t}^{N},\ b_{i,t}^{N}) = \gamma n_{i,t}^{N} + (1-\gamma)\ b_{i,t}^{N} \end{cases} \quad (\text{式} 3\text{-}1)$$

$b_{i,t}^{A}$ 和 $b_{i,t}^{N}$ 分别表示每期农户 i 在 t 时期下采纳新技术与否的感知收益（perceived benefit），$n_{i,t}^{A}$ 和 $n_{i,t}^{N}$ 分别是农户 i 关于技术采纳与否社会规范的认识。$\phi_{i,t}^{A}$ 和 $\phi_{i,t}^{N}$ 分别表示农户 i 采纳新技术与沿用传统技术的倾向，当 $\phi_{i,t}^{A} > \phi_{i,t}^{N}$ 时，农户 i 采用新技术，否则继续使用传统技

术。技术带来的收益是得到普遍考察的重要因素，但直接影响农户选择行为的不是一个客观精确计算的收益，而是他能够感知到的收益，只是这种感知是建立在该技术可能带来的客观收益基础上的。同时，农户关于新技术的知识的多寡会直接影响他们对于该技术带来的收益的预期。因此，他们对于收益的感知来源于他们对于技术的认识和该技术在理论上能带来的收益两个方面。农户感知的收益在采纳新技术和采纳传统技术下的表达式为：

$$\begin{cases} b_{i,t}^A = k_{i,t}^A \times b^A \\ b_{i,t}^N = k_{i,t}^N \times b^N \end{cases} \tag{式 3-2}$$

$k_{i,t}^N$ 表示农户 i 在第 t 个时期关于传统技术的知识掌握程度，假定农户自始至终对于传统技术是完全掌握的，则 $k_{i,t}^N = 1$，换句话说，在选择传统技术的情况下，农户对收益有一个较为稳定的预期。与之不同，新技术的知识需要通过学习才能获得的，农户 i 关于新技术的知识 $k_{i,t}^A$ 会随着时期 t 不断变化，其取值范围定义在 $[0, 1]$ 的闭区间。b^A 和 b^N 分别表示采纳新技术和采纳传统技术在理论上可获得的收益，农户主体感知的收益存在正向的影响。

每一期每个农户关于新技术的知识都会得到更新，这是农户主体适应性的一个重要方面。同时，这满足了农户主体的异质性假设，即他们拥有的有限知识不同，这些不同又源自他们不同的社会网络中的特定互动，以及获得知识的其他途径，例如本研究考虑了关于新技术的培训这一方面（图 3-1）。假定农户主要通过跟社会网络中其他农户的交流和自身使用的经验两个方面学习，则农户主体知识更新的表达式为：

$$k_{i,t}^A = \left(k_{i,t-1}^A + l_i * \frac{1}{m} \sqrt{\sum_{j}^{m} k_j^2} \right)^{\alpha} \tag{式 3-3}$$

$k^A_{i,t-1}$ 表示农户 i 在上一期关于新技术的知识掌握程度，l_i 表示农户 i 具有的学习能力，不同农户具有不同的学习能力，而且其社会网络中其他主体具备的知识程度也不同，这决定了每个主体从其他主体学习的结果。本模型假设农户主体的学习能力在总体分布上服从随机均匀分布，即 $l_i \sim U[0, 1]$。m 表示农户 i 在时期 t 同社会网络中有限 m 个其他主体交流和学习，即每一期并不是与其社会网络中所有主体进行交流，k_j 表示与之交流的第 j 个农户具备的关于使用新技术的知识。本研究考察的不是一两期的选择行为，用 α 表示该期之前使用新技术的经验次数对于知识的影响程度。

同时，出于考察的目的，该演化模型并不涉及一个绝对意义上的收益，因此，本研究假定新技术带来的理论收益跟传统技术收益之间存在不确定的随机关系，这样有助于从相对意义上探讨收益的可能取值，其公式表述为：

$$b^A = b^N + \varepsilon, \quad \varepsilon \sim U[a, b] \qquad （式3-4）$$

b^A 和 b^N 分别表示农户主体采纳新技术和使用传统技术带来的理论收益，ε 是服从 $[a, c]$ 的均匀分布随机数，即 $\varepsilon \sim U[a, c]$；且 $\varepsilon \geq 0$，表示新技术相对于传统技术具备一定的优越性，在理论上能带来较多收益。因此，$0 \leq a < c \leq 1$。

二、仿真的流程设计

基于 *Netlogo* 软件，本研究具体设计了农户的社会网络构成方式和农户间的互动规则，考虑了农户主体间交流互动的偶然性，也兼顾了农户对社会规范遵守程度的异质性。在实验中，假设农户主体对于社会规范的遵守服从一个正态分布，记作 $\lambda \sim N(0.5, 0.25)$，表示大多数农户主体的个性处于中立状态（均值为 0.5），少数农户主体表现出非常遵守，另外少数农户主体表现出非常反对。如前所述，农户主体对社会规范遵守程度 λ 的取值在［0，1］，因此，设定正态分布的标准差为 0.5（方差即 0.25），从而使得农户主体的 λ 值基本落在 0 到 1 的范围内。对于极少数超出此范围的值，做如下处理：若小于 0，设置为 0；若大于 1，设置为 1。由此设定各个农户主体的遵守程度，对社会规范表现出不同的秉性。

在初始化阶段，主要完成三个任务：①创建规定数量的农户主体，使其在指定环境里随机分布。②建立农户主体之间的关联，即以 connect-radius 为半径创建每个农户主体的社会网络，限定农户主体只在局部环境里互动，而不是跟所有其他主体都有互动。本研究用 connect-radius 来表示每个农户主体的社会网络半径，即在多大范围内与周围其他农户产生比较密切的社会互动。Netlogo 软件提供了社会网络的可视化界面，每个农户的位置以二维坐标标记，农户主体的社会网络即是以该农户为圆心、以 connect-radius 为半径的圆形范围内所包括的其他农户，表征了农户住所的地理特征。当社会网络半径越小，农户的交际圈越小，表明农户与周围其他农户的互动越少。那么，在一个特定主体的社会网络之外的其他主体并不直接影响他的选择行为，但局部社会网络之间也将存在着间接的相互影响。③根据上述假设设定每个农户主体的 λ 值，表示农户主体对社会规范的遵守程度。

农户只有意识到该技术的存在才能有学习该技术的可能性，Kabunga 等（2012）指出农户关于新技术的意识状态（awareness exposure）和知识状态（knowledge exposure）对其采纳决策行为至关重要。其中，意识状态是指农户是否听说了该技术，知识状态是指农户是否掌握了此技术的特点和性能。农户的意识状态是先决条件，属于 0~1 离散型值，知识状态是连续的均匀分布。

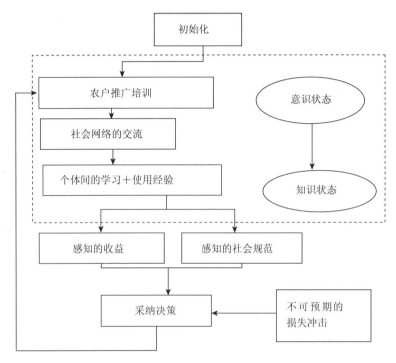

图 3-1　农户技术采纳的仿真流程

　　在仿真模型中，并不像传染病模型那样只设定某个技术扩散的源头，本研究假设每期以一定比例对农户进行新技术的培训（train-rate = 0.05），农户通过参加培训意识到有该项新技术[①]的存在（awareness = 1，没听说过该技术为 0），并在培训过程中习得关于新技术的知识，由于不同的人接纳新知识的能力有差异，设其服从均匀分布水平 U［0，1］。同时，农户通过与社会网络中其他个体的随

---

　　①　在整个跨时期的动态分析中，主要分析某项特定的新技术从推广、培训、采纳、传播的过程。因此，在本模型假定中，农户只面临两种技术选择：传统技术和特定新技术，该特定新技术并不随时期变化被视为"旧技术"，恰恰是要说明该项新技术的扩散需要一定的时期。

机接触和学习，获得知识状态的增量更新，同时也受到以往使用经验的影响（式3-3），由此，农户在新一期的技术采纳决策中受到新的知识状态的影响。

农户主体对收益的感知取决于知识和新技术的理论收益，本研究假定采纳新技术的理论收益与旧技术收益之间的差异是一个随机分布，在操作上设定旧技术下的收益为0.5，则新技术的理论收益原则上比旧技术要高，相对意义上，设定前者与后者的差值服从［0，0.5］的均匀分布。农户主体对规范的感知取决于与他交往较频繁的其他主体的选择，个体并不能了解整个群体的选择，而是他所处的局部社会网络中的互动对他的认知造成了某种主观印象，基于这种印象对现有的规范做出判断，从而对其决策产生相应的影响。在实验设计上，我们让每个农户主体以一定概率随机地跟其社会网络中的其他主体进行接触，根据他们上一期的采纳情况对整体社会规范做出评估和感知。

最终，每个农户主体根据当期的感知收益和感知的关于技术采纳的社会规范进行综合考虑（式3-1和式3-2），决定当期是否要采纳该项新的农业生产技术。同时，本研究构建的模型考虑了一项意外冲击"不可预期的损失（loss-possibility）"（图3-1、表3-1），即那些上一期采纳新技术的农户可能会因为某些偶然因素遭受到损失，例如，新技术的失败、自然灾害等，当这些农户上一期蒙受损失之后，会在当期选择回到传统技术上来。这种损失的随机性构成模型中的变异因子，对农户主体的决策产生重要影响。

经由每期重复（图3-1），不同的农户具备不同的知识，通过学习获得知识的更新，其感知的社会规范也随着上一期不同农户的选择在不断变化，从而对农户当期决策产生影响。同时，本研究的仿真流程设计中融入了合理的随机性因素，基于异质农户主体随机互动下的动态过程分析完全有别于主流经济学的静态模型分析，模拟了经济现象的非线性过程，修正了传统意义上基于线性模型的经济解释。

三、仿真实验设计

为达到研究目的，本研究设计了多组对比仿真实验，每次实验运行控制在 50 个周期。如果在现实中每一期对于技术的采纳对应的是一年，则实验就相当于模拟了 50 年的动态过程。同时，为减少模型运行过程中随机性带来的误差，每组实验次数设计为 100 次，然后对每一期对应的点取均值再得到曲线图，从而增强实验结果的可靠性。

外部环境的设定也不可忽视，因为农户主体的社会网络的建立和他们之间的互动会受到环境大小①的限制。根据 Netlogo 软件的特点，设定整体环境（world）中心为原点，纵横坐标最大值均为 16。农户群体的总数量可以任意控制，在研究实验里，考虑到环境（world）的约束，适宜把农户数量定义为 100 个。

表 3-1　农户技术采纳行为的实验组设计

	场景 A	场景 B
实验 1	个体学习；无社会规范	个体学习；有社会规范
实验 2	无个体学习；有社会规范	个体学习；有社会规范
实验 3	无个体学习；无社会规范	个体学习；有社会规范

模型设置：a. 农户数量（Household-size = 100）；b. 社会网络半径（Connect-radius = 4.8）；c. 不可预期损失（Loss-possibility = 0.1）；d. 周期数（Time-tick = 50）。

注：所有模拟实验在执行时均运行 100 次。

———————————

① 这里的环境是仿真模拟中以二维坐标系实现的农户所处的外部环境，环境面积的大小将影响农户主体之间的物理距离和互动频率。例如，土地面积越大，人口居住越稀疏，互动可能会越少。

　　首先，本研究设置三组对比模拟实验（表3-1），在这三组实验中，A均为控制组，B是根据研究的演化模型得到的，均考虑了农户主体的学习和社会规范的因素影响，视为实验组。通过对比分析，考察农户主体的学习与社会规范对于技术扩散过程的动态影响。其次，本研究还将基于建立的演化模型（B），通过改变模型值的设置来观察这些变化对技术扩散的影响和特点，为新技术扩散提供一些启发。本研究将主要考虑社会网络半径（connect-radius）和不可预期的损失（loss-possibility）两个值的变化①对技术扩散带来的影响。

第二节　仿真结果与分析

一、社会规范的影响

　　农户技术采纳行为中隐含的社会规范演化，只有在较长的时间跨度内才能得以考察，这就需要持续追踪调研的数据支持，但这方面的面板数据较难获得。基于演化博弈模型，借用仿真模拟的手段，我们能够对社会规范影响下的技术扩散过程进行动态分析。

　　从实验结果（图3-2、图3-3）可以看出，两种情况下，采纳新技术的趋势均呈现出"S"增长势头，在初期的缓慢上升过后，有一段急速增加的过程，直到绝对大部分农户主体采用了这项技术才趋于平稳状态，此时，新的技术完全被接纳。这些大致趋势与以往的研究相一致（Geroski，2000）。但通过对比发现，在不考虑社会规

---

　　①　鉴于研究的主要内容不侧重于此，两个设定值的变化并未反映在表3-1中，请参见后文结果与讨论的第三部分。

范的影响下，农户采纳新技术的进度更快，大概在第 9 个周期时，采纳新技术的农户数量超过使用传统技术的群体，到第 15 个周期新技术的扩散达到 90%。当把社会规范的因素纳入技术采纳决策的过程之后，结果显示，采纳了新技术的农户数量基本以平滑的幅度在增加，新技术的"入侵"显得相对困难，直到第 22 个周期时，采用新技术的农户数量才开始超过未采用新技术的农户数量，而后缓缓成为主流。这表明技术扩散受到社会规范的约束，现有的社会规范减缓了农户对新技术的采纳进程，使得新技术的推广过程比预期要慢。

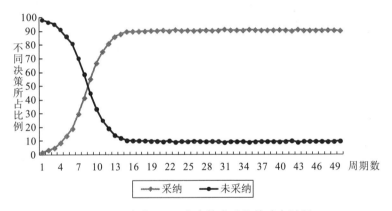

图 3-2 实验 1A 下农户技术采纳的动态过程

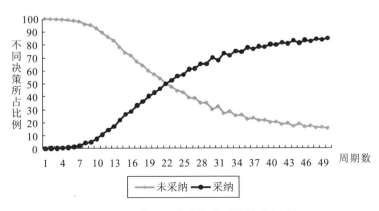

图 3-3 实验 B 下农户技术采纳的动态过程

以上是从采纳与否的农户主体统计数量上来看的，并不能从内部得到比较详尽的采纳决策的变动情况，图3-4和图3-5给出了在考虑与未考虑社会规范两种情况之下采纳与否的变化情况，可以看出这两者之间的显著差异。在未考虑社会规范的情况下，农户的决策在较短周期内完成了大幅度的变动，然后停留在一个较为稳定的变动水平上。此时在第14个周期以后，上一期采纳到当期不采纳变动的农户数量基本与从上一期不采纳变为本期采纳的农户基本持平，保持在9%左右，并且前者持续在比后者略高的水平；在社会规范的影响之下，农户的决策行为并没有经历异常剧烈的变动，从采纳到不采纳和从不采纳到采纳两种情况都比较平滑地经过一段时间的增加之后，又非常缓慢降低，期间（第24周期至第48周期）存在很长一段时间的扰动，即两者之间相互交叉，但总体上的变动是在逐渐降低。这些变动主要源自不可预期的经济损失。

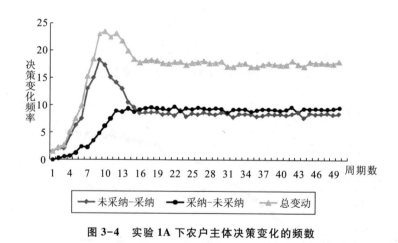

图3-4 实验1A下农户主体决策变化的频数

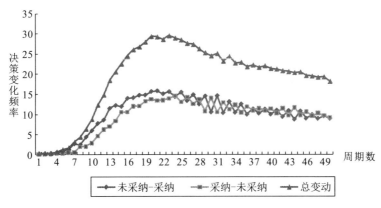

图 3-5　实验 B 下农户主体决策变化的频数

社会规范是农户主体共享的信念，技术改变的不仅仅是农户主体的经济收益状况，同时也是群体共享的关于生产技术选择的总体倾向，这些倾向逐渐内化为个体的知识，从而影响个体行为的选择。特别需要指出的是，社会规范并不总是在技术扩散中起阻碍作用。相对于不考虑社会规范的情形下，技术传播的速度减缓，因为此过程伴随着新的社会规范的演化，这种演化需要较长的时期才得以完成，然而，一旦关于使用新技术的社会规范得以确立[①]，势必会更加持续推动此技术的长期使用，从这个意义上，社会规范的存在也将会对技术扩散起到稳固作用。

二、农户主体间的学习

虽然社会规范的演化使得技术采纳的进度比预期的要缓慢，但也不可忽视农户主体间的学习在其中的作用。个体必须通过学习才能获得关于新技术的知识，掌握的知识越多，其面临的不确定和风

———————

① （图 3-3）在约 22 周期之后，新技术的使用开始占据主导，新的关于技术使用的社会规范逐渐建立，对后期该项技术的使用起到了稳固作用。

险越少，从而有利于个体在技术采纳中的决策，也决定了技术推广的成败。实验2（表3-1）试图以仿真模拟的方法来检验这一推断，从结果上看，在考虑社会规范影响下，农户主体间学习的缺失会造成新技术推广以极低的采纳率向前推进（图3-6），从决策变化的频数上看（图3-7），两股势力在极其有限的范围内相互交织，总体上只有少数个体在尝试新的技术，但并未得到持续，因此，采纳新技术的群体没有得到扩大。

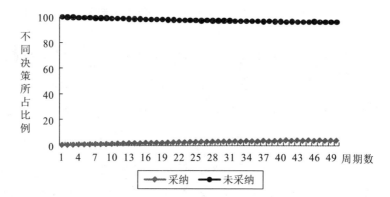

图 3-6　实验 2A 下农户技术采纳动态过程

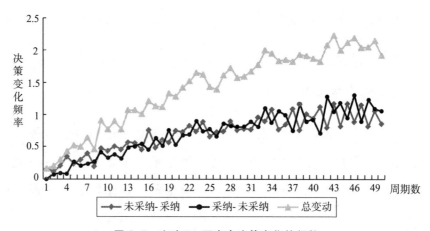

图 3-7　实验 2A 下农户决策变化的频数

农户主体只通过培训和自身使用的经验来获得关于技术的知识，缺乏所在社会网络中的交流和学习，这极大阻碍了技术在该群体中的使用和传播，也印证了 Bass 扩散模型中"口碑效应"的重要性（Bass，1969）。同时，关于旧技术的规范将会阻止新技术的进入，农户主体间学习的不足使得关于传统技术的社会规范更加稳固地留存下来（实验 3A，图 3-8），即使存在外部的冲击——每期针对性地对农户进行培训，也无法扩大新技术采用的范围，他们还可能会遭受不可预期的损失，这一系列的因素使得新技术的推广举步维艰。

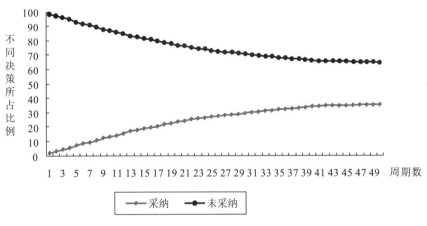

图 3-8　实验 3A 下农户技术采纳的动态过程

三、社会网络、不可预期的损失

社会网络是个体进行相互学习的主要环境，群体里的每一个农户主体拥有不同的社会网络。在每一个社会网络中，个体的知识水平不同，农户主体通过交流和学习，有助于关于技术的知识的传播。以上实验都是将农户主体的社会网络半径设定在一个比较适中的值，在考虑农户主体间学习和社会规范两方面因素的基础上，本研究试图通过设置不同的社会网络半径，改变农户主体社会网络的大小，从而观察这些变化对技术采纳过程的影响。

当农户主体间的社会网络半径较小时（connect-radius=1.5）①，只有极少数的在邻域范围的农户主体进行互动，这样减低了农户主体间学习的活跃程度，导致新技术采纳的过程非常缓慢（图3-9），其结果与不考虑农户主体间学习影响相接近（图3-6）。当农户主体间的社会网络半径逐渐上升时，新技术的传播会随着农户主体间互动空间的扩大变得相对容易（图3-3）。但是，这种趋势会一直持续下去吗？

通过将农户主体间的社会网络半径调到一个较极端大的数值（connect-radius=13.5），即每个农户主体的社会网络扩大到一定程度，社会互动变得尤其频繁但新技术的扩散并没有按照预期的那样持续地推进。仿真结果显示，未采纳率维持在较高水平，采纳率维持在30%左右，相对于图3-3半径为4.8时明显要低，新技术的扩散并不成功。这说明农户主体间互动范围的大小对新技术扩散的作用是两面性的，尽管农户主体间的互动有利于关于新技术的知识传播，但在互动范围达到一定广度的情形下，新技术的推广恰恰会受到牢固的旧的技术传统的负面影响，使得整个群体的采纳率维持在较低水平。

---

① 社会网络半径的大小只是相对于设置的整体环境（World）坐标而言的，这主要是基于Netlogo的空间模拟的特点。

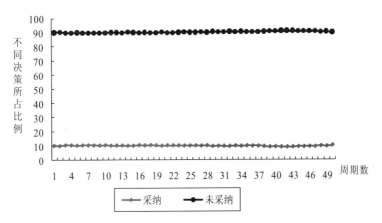

图 3-9 新技术在个体关联不密切①的社会中扩散的过程 （connect-radius=1.5）

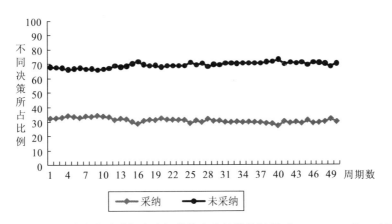

图 3-10 新技术在个体关联极度密切的社会中扩散的过程 （connect-radius=13.5）

在不可预期的损失方面，农户主体面临的损失可能性越大，新技术扩散的阻力越大，因为农户会感知到损失的风险过大，怀疑新技术在当地使用的适用性。这一点通过模拟不同的损失概率值也得到验证，不赘述。

---

① 社会网络半径越小，农户主体的交际圈越小，互动越少，学习机会越少。反之则反。

第三节　实证证据：埃塞俄比亚案例

一、埃塞俄比亚的农业现状

埃塞俄比亚位于非洲的东北部，地处高原，首都阿迪斯亚贝巴被誉为非洲海拔最高的城市。埃塞俄比亚的国土面积约有110万平方公里，土地面积为100万平方公里，农业用地约有35.68万平方公里，占全国土地面积的35.68%。近年来，埃塞俄比亚的人口在迅速增长，2000年的人口密度从每公里土地面积人数约为66人，至2011年增加至89人，远超撒哈拉以南非洲地区的平均水平。人口的快速上升加剧了埃塞俄比亚的贫困与饥饿问题，农业生产技术非常落后，粮食生产效率的增长赶不上人口的增长速度，使得埃塞俄比亚长期面临国内食品安全问题。人口增长也使得人均土地耕地面积迅速下降，土地资源逐渐变得越来越紧张，传统粗放型的小农经济越来越难以维持国民生计。

埃塞俄比亚是农业主导型的国家，农业资源条件好，但利用效率低。在撒哈拉以南非洲地区，埃塞俄比亚农业产值占GDP的比例一直是最高的（Feleke & Zegeye，2006）。撒哈拉以南非洲的农业产值所占比例平均在17%左右，而埃塞俄比亚的农业产值在GDP中所占比例基本维持在40%以上，2008、2009、2012年这个比例接近50%（图3-11）。近年来，埃塞俄比亚的农村人口也呈快速上升趋势，年增长率在2%以上。2012年，农村人口达到7588万人，占全国总人口的82.72%，绝大部分人口从事农业（表3-2）。一方面说明农业对于埃塞俄比亚国民经济的重要性，另一方面表明埃塞俄比亚的其他产业发展相对同类非洲国家更为落后。在农业条件方面，埃塞俄比亚可耕土地资源丰富，雨量较充沛，年均降水深度在848毫米，而中国的年均降水深度在645毫米，这说明埃塞俄比亚的水资源量十分丰富。2011年，埃塞俄比亚农业灌溉用地占农业用地总量的51%，尽管近年来埃塞俄比亚的农业生产在水资源利用上有所改善，但总体上农业灌溉设施匮乏，资源利用效率不高，经常因雨量过多或者干旱致使农作物减产甚至绝收。农业生产面临的风险较大，农户家庭因贫困缺乏农业投入所需的资金，政府相关政策扶持力度小，金融借贷服务业在农村地区还未得到发育。农业灌溉等基础设施建设具有一定的经济外部性，单个或少数农户无力承担设施改进所需的费用，只能依靠政府公共部门的推动才有可能聚集社会各种力量对农业基础设施进行整体规划布局建设。农民在承担生产风险上的脆弱性决定了农业生产方式上的粗放经营，农业资源条件利用效率低，农作物产量不高，使得粮食安全问题越发突出。

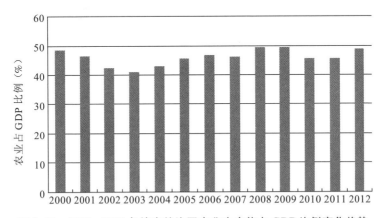

图3-11　2000—2012年埃塞俄比亚农业生产值占GDP比例变化趋势

表 3-2 2000—2012 年埃塞俄比亚农村人口变化趋势

	2000	2002	2004	2006	2008	2010	2012
农村人口（万人）	5629	5937	6258	6583	6913	7250	7588
年增长率（%）	2.6522	2.6622	2.6164	2.4986	2.4222	2.3722	2.2639
占总人口（%）	85.261	84.8766	84.4922	84.0886	83.6658	83.243	82.7202

埃塞俄比亚的经济落后产生较多社会问题，当地政府学习中国经验，逐渐开始重视农业发展，以此推动经济持续增长。埃塞俄比亚贫困问题严重，农村地区的居住条件非常差，大多数农户是以粗糙木板结构搭建房屋，并以草和泥糊成墙面起到防风保护和稳固作用，少数居民仍旧住在传统的干草搭建的圆柱形简易小屋里，造价低廉、取材方便，房屋内设施极其简陋。居民的交通出行也非常不方便，驴子和马车是农村地区非常重要的运输工具，道路设施的现代化程度很低，为数不多的硬化地面公路也是国外援助项目（尤其是中国）建造的。截至 2007 年，公路覆盖密度仍然十分低，每 100 平方公里内的公路数量仅仅有 4 公里，铁路的公里数为 781 公里。（世界银行数据库，2014）贫困问题带来了农村地区儿童的营养不良，5 岁以下儿童中有 10.1% 的儿童存在过度消瘦问题，44% 的儿童存在营养不良。2012 年，5 岁以下儿童的死亡人数达到 20.5 万人，占儿童总数量的 6.83%。（世界银行数据库，2014）20 世纪 90 年代，人民革命民主阵线推翻了门格斯图的统治，执政之后，在经济政策上推行农业市场自由化改革，允许农产品按照市场价格进行自由交易。自 2005 年起，埃塞俄比亚政府同中国一样开始推行五年发展规划。2010 年底通过的第二个五年规划明确指出，在未来五年内农业发展将是埃塞俄比亚经济增长的主要源泉，小农是农业增长的主干力量。该规划还强调了建设农业市场体系对于农业增长的重要性，要求从村镇到国家集中力量发展农业市场系统，包括农业合作

社、现代化的市场输出中心以及私有部门的参与。在农业技术改进上，埃塞俄比亚政府指出将农业调查、技术推广与农民的实践紧密结合起来，吸收和引进国外成型的农业技术成果，帮助农民提高农作物产量和粮食生产效率。

埃塞俄比亚是全世界最贫困的国家之一，接受的国际社会官方发展援助逐年增多。世界银行的统计数据显示，近年来埃塞俄比亚接受的净官方发展援助额度迅猛增加，从 2000 年的 6.8 亿美元到 2011 年的 35 亿美元翻了 5 倍多。在人口增长的情况下，2011 年埃塞俄比亚人均接受的官方发展援助达到了 39.5 美元。官方发展援助占国民收入的比重一直非常高，在 2002、2004 年分别达到了 17% 和 18.3%。埃塞俄比亚的 GDP 在最近几年保持高度增长，约在 8% 左右，但其经济发展的底子薄，国内的贫困问题依旧严重。也有人称，高额度的外来援助是 GDP 数值增长的主要缘由，除去外来援助额度，国民经济可能存在倒退现象。从图 3-12 的数据可以看出，在 2001、2002、2010 等年份，埃塞俄比亚的经济在除去外来发展援助额度之后呈现负增长，这从一定程度上证实了部分人的担忧。但仍有必要对这种观点保持审慎的态度，越来越多的官方发展援助并非是以资金形式流入受援国家的，而是以项目驱动的形式在各领域进行投入性援助，援助额是经过折算后的额度，因而单单从数据上的分析显得过于简单、笼统。在 DAC 援助国实施的双边援助中，对埃塞俄比亚的援助以美国、英国为主，2011 年的援助额分别为 7 亿美元和 5.5 亿美元，其次是日本、加拿大、德国等，此外，欧盟机构对埃塞俄比亚的援助也达到了 1.98 亿美元，仅次于美国和英国。

表 3-3　2000—2011 年埃塞俄比亚接受的官方发展援助情况

	2000	2002	2004	2006	2008	2010	2011
净 ODA（万美元）	68722	132438	182837	203356	332870	352521	353239
ODA 占 GNI 比例（%）	8.4639	17.0858	18.3012	13.4442	12.3833	11.9103	11.1646
人均 ODA（美元）	10.4086	18.9337	24.6856	25.9745	40.2887	40.4753	39.5153

数据来源：根据世界银行数据整理得到。

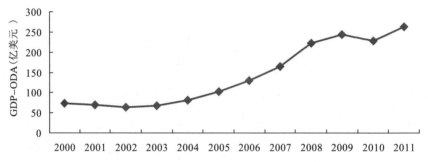

图 3-12　2000—2011 年埃塞俄比亚除去 ODA 的国民生产总值变化情况

数据来源：根据世界银行数据整理得到。

中国从 20 世纪 70 年代起对埃塞俄比亚实施了不同形式的官方发展援助，尤其在农业技术领域做了很多尝试。在南南合作框架下，中国多次派遣农业专家和技术人员到埃塞俄比亚进行农业指导和培训工作（Bräutigam & Tang，2012），包括农作物新品种的实验、水资源灌溉利用等方面。2012 年 6 月，中国在埃塞俄比亚已经援助建成农业技术示范中心，位于 Oromia 州 Ginchi 地区，距离首都约 90 公里。农业技术示范中心由 G 公司承建，占地 52 公顷，建筑面积约6105.32 平米，于 2013 年 4 月经商务部选派的工作组验收后全面竣工。之后，示范中心由中方企业广西八桂农业科技有限公司接手运营，为期三年。中方企业负责人表示，埃塞俄比亚农业技术示范中心在中方运营的三年里将主要实现以下目标：首先是品种、技术试验，通过试验确定在中国国内表现优良的品种和技术能否适应埃塞俄比亚的农业条件；其次是人员技术培训和农业技术推广，期望能在三年内为埃塞俄比亚方培训出 500 位农业技术专业人才；最后是确保农业技术示范中心在埃塞俄比亚方接手后能成功运作下去。尽管埃塞俄比亚农业示范中心有大致的目标，但后期的具体工作应该如何开展仍然处于逐步试验和探索中。农户是农业技术的最终使用者，如果农业技术不能被当地农户接受，那么，技术推广的工作便很难取得长期效果。因此，要确立中国农业技术在非洲示范与推广的后期策略，必须从技术援助受体的农户视角对影响技术扩散的因素进行考察，基于模拟仿真的演化分析结论为扩展现有的实证分析模型提供了基础支撑，由该模型所提出的假说将接受埃塞俄比亚奥罗米亚地区农户调研数据的实证检验。

二、研究假设与模型构建

（一）提出假设

技术接受模型（Technology Acceptance Model，TAM）从心理认知角度确立了影响个体行为意向的两个维度，即感知有用性和感知易用性（Davis，1989；1996）。感知有用性是"个体对使用某一特定系统能改善其工作绩效的认可程度"，在本研究是指农户对使用新技术所产生的绩效改善的评价；感知易用性是"个体对使用某一特定系统不需要花费努力（身体的和精神的）的认可程度"，本研究将其定义为农户使用该项新农业技术所感知到的难易程度。认知的更新能够改变人们的偏好，进而影响人们的决策行为。感知有用性和感知易用性能很好地概括潜在使用者对某项新技术的主观评价，这两方面因素对现代信息技术采纳决策的影响在以往研究中已经得到验证。（Lee & Lehto，2013；Park et al，2014；Wallace & Sheetz，2014）

　　然而，TAM 模型对于技术感知以外的因素关注不足，当用于农业领域的研究时，需要注意农业技术与现代信息技术的特征差异。第一，原有 TAM 模型中的外部变量主要为目标信息系统的特征，这些特征通过影响用户使用时的感知有用性和感知易用性来影响用户的最终使用决策。根据农业技术适用的情景，本研究将外部变量定义为农户资源禀赋，包括户主特征、农户家庭资源、农户信息资源等三个方面。已有研究表明，农户资源禀赋将直接影响农户对新技术的采纳决策①。第二，前文演化仿真分析结果已经显示，农户决策除受限于对新技术的认知外，还受到农户群体中社会规范的影响。原有 TAM 模型主要着眼于信息系统的推广等研究，目标群体是具有较高教育水平的信息技术相关工作者，更加注重使用者与系统的交互情况。而农业技术的使用主体是农户，由于农业生产对土地的依赖使得农户之间的互动往往局限于特定的地理空间，这种"熟人社会"的特性促使农户个体对社会规范的遵从度较高，农户对一项新技术的采纳倾向势必受到关于技术使用的社会规范的潜在约束。本研究将农户感知社会规范引入 TAM 模型来检验其对农户采纳新技术决策的影响。由此，本研究提出如下研究假设：

　　假设 1：农户资源禀赋对农户采纳新技术的行为存在显著影响。

　　农户资源禀赋可定义为农户的家庭成员及整个家庭拥有的包括了天然所有的及其后天获得的资源和能力。（孔祥智等，2004）本研究中农户资源禀赋包含了户主特征、农户家庭资源和农户信息资源

―――――――――

　　① 本研究主要考察农户技术采纳的影响因素，将不深入讨论农户资源禀赋对感知有用性和感知易用性的影响分析，以及感知易用性和感知有用性之间的关联分析。

三个方面的因素。户主特征主要为"年龄""宗教信仰""务农经验""教育程度"等；家庭资源由"劳动力数量""土地面积""小麦种植面积""牲畜拥有量""非农收入"等。其中，牲畜拥有量采用了热带牲畜单位（tropical livestock unit）计算标准（Ramakrishna & Demeke，2002；Feleke & Zegeye，2006），转化成统一尺度下的连续变量，以方便处理。当地每个村庄设置有村级合作社组织，新技术的推广与示范工作主要通过合作社组织开展，是否为合作社成员、参加培训次数将决定农户接触新技术信息的程度。合作社也是村级信息发布的核心机构，家庭与合作社的距离反映了农户获得相关信息的方便程度。因此，采用"合作社成员""接受培训次数""到村合作社的距离"和"持有手机"作为农户信息资源的变量指标。

假设 2：农户感知有用性对农户采纳新技术的行为存在显著正向影响。

农业生产活动对自然资源的依赖程度较高，农业技术的推广通常受到农业生态条件的影响（Doss，2006），包括雨水状况、土壤质量和产出潜力等。农户对新技术在当地的适用程度评价是感知有用性的重要方面，越觉得适用于当地农业条件越倾向于接受该技术。技术创新的本质是帮助农户提高作物产量，提升家庭收入，这直接决定了农户的技术感知有用性，即农户越认为能带来更多产出越会选择采纳该技术。与之对应地，采纳新技术的成本也影响农户的采纳积极性。因此，选取"农业条件适用性""新技术采用成本""产量提高程度"作为农户感知有用性方面的变量指标。

假设 3：农户感知易用性对农户采纳新技术的行为存在显著正向影响。

技术的易用性反映了农户对该技术的掌握程度，使用该技术越熟练的农户越有可能在后期采用。埃塞农业发展水平落后，由于农户信息的闭塞和交易市场的不成熟，并非所有农户都有条件获得新技术所需要的工具，工具获得的难易度评价影响新技术采纳的态度。本研究采用"新技术可获得性""使用经验"和"实际操作水平"等方面的评价表示农户对技术易用性的感知，预期其对农户新技术采纳决策存在显著正向作用。

假设 4：农户感知社会规范对农户采纳新技术的决策存在显著影响。

在对新技术认知有限的情况下，农户个体将倾向于借助社会规范来辅助决策，农户感知的社会规范将对农户的技术选择行为构成重要影响。Kabunga 等在强调信息重要性的同时，提出农户对新技术的认知具有异质性，进而对新技术的采纳决策也存在显著差异（Kabunga et al，2012）。社会规范作为个体之间共享的信念，对个体的行为具有调节作用（Young，1998）。在共享的规则之下，个体对社会其他个体的预期趋于相同，从而降低了个体间互动的交易费用（Lewis，1969）。在农业技术扩散的情境下，社会规范指特定社会群体对继续使用传统技术的群体性态度，不同的个体可能对这种态度有不同的感知，从而对自身是否采纳决策产生不同程度的影响（Chen et al，2012）。在变量指标的选取上注重农户个体主观上对群体选择决策的整体印象，而不采用客观统计意义上的群体选择的频率。具体地，本研究采用"与他人技术交流""感知村落传统技术使用水平"表征农户感知的社会规范。

（二）实证模型

根据以上提出的假设可建立关于农户采纳新种植技术影响因素的实证模型。以往较多研究是以新技术采纳意愿或需求为因变量来构建模型（曹光乔，张宗毅，2008；李后建，2012；王浩，刘芳，2012），这在一定程度上会减弱研究结论的可靠性，本研究将农户采纳与否的实际决策行为作为模型的因变量，即如果该农户在上一年（2012 年）采用了新技术则赋值为 1，农户未采纳而沿用传统种植技术则为 0。由于因变量并非连续实数，典型的线性回归模型不能适用，可采用 Logit 模型构造函数关系。农户采纳新技术的概率由一个关于农户资源禀赋、感知有用性、感知易用性和感知社会规范的函数决定。其累积分布函数表述为：

$$P_i = P \ (Y_i = 1) = \frac{1}{1 + e^{-Z_i}} \qquad （式 3-5）$$

其中 $Z_i = \alpha + \sum_{j=1}^{n} \beta_j X_{ij} + \mu_i$。$i$ 表示第 i 个农户；Y_i 表示农户 i 的采纳决策；X_{ij} 为农户 i 对应的第 j 个解释变量，包括农户资源禀赋、感知有用性、感知易用性和感知社会规范等因素（见表 3-4）；α 为截距项，β 为系数向量，μ 为误差项。由公式 3-5 容易得到，第 i 个农户采纳新技术与采纳传统技术的机会比率为：

$$\frac{P_i}{1 - P_i} = e^{Z_i} = e^{\alpha + \sum_{j=1}^{n} \beta_j X_{ji} + \mu_i} \qquad （式 3-6）$$

对公式 3-6 两边取自然对数，由此构建出机会比率的对数关于各个解释变量的线性函数：

$$\ln\left(\frac{P_i}{1 - P_i}\right) = \alpha + \sum_{j=1}^{n} \beta_j X_{ji} + \mu_i \qquad （式 3-7）$$

由于技术采纳研究的对象是农户个体层次的，当 P_i 等于 0 或 1

时，公式3-7显然是没有意义的，无法运用OLS进行估计，须在非线性估计过程中使用极大似然估计方法。因此，模型采用似然比（LR）统计量进行变量的联合检验，用Z统计量对各系数进行显著性检验。模型中各项因素对应的解释变量及其对因变量的预期作用见表3-4。

表3-4　自变量名称及对因变量的预期作用方向

变量名称（代码）	变量赋值	预期作用方向
（I）户主特征		
年龄（X_1）	岁	+
宗教信仰（X_2）	1=基督新教；0=其他信仰	+/−
教育程度（X_3）	年	+
务农经验（X_4）	年	−
（II）农户家庭资源		
劳动力数量（X_5）	人	+/−
土地面积（X_6）	公顷	+/−
小麦种植面积（X_7）	公顷	+
牲畜拥有量（X_8）	TLU（热带牲畜单位）	+/−
非农收入（X_9）	0=无；1=有	+/−
（III）农户信息资源		
合作社成员（X_{10}）	0=否；1=是	+
持有手机（X_{11}）	0=否；1=是	+
到村合作社距离（X_{12}）	KM	−
接受培训次数（X_{13}）	次	+
（IV）感知有用性		
农业条件适用性（X_{14}）	1~5（值越大越适用）	+
产量提高程度（X_{15}）	1~5（值越大产量越高）	+
新技术采用成本（X_{16}）	1~5（值越大成本越低）	+
（V）感知易用性		
新技术可获得性（X_{17}）	1~5（值越大越容易获得）	+
使用经验（X_{18}）	1~5（值越大经验越多）	+

续表

变量名称（代码）	变量赋值	预期作用方向
实际操作水平（X_{19}）	1~5（值越大水平越高）	+
（VI）感知社会规范		
与他人技术交流（X_{20}）	1~5（值越大交流越多）	+/-
感知村落传统技术使用水平（X_{21}）	1~5（值越大水平越高）	-

注：感知有用性、感知易用性和感知社会规范等三个方面的内容采用李克特量表法设计。

三、数据来源与样本基本特征

课题组深入中国援埃塞俄比亚农业技术示范中心所在地奥罗米亚（Oromia）州进行农户问卷调查，以当地正在推广的小麦苗床拓宽技术（BBM）为例，收集的农户样本数据共覆盖了 10 个村落性质的行政组织（当地称"Kebele"），数据收集工作完成于 2013 年 7 月至 9 月。奥罗米亚州地跨埃塞俄比亚中部、西部和南部地区，占地约 60 万平方公里，是埃塞俄比亚 9 个行政州中面积最大且人口最多的州[1]。奥罗米亚州地势多变，多为高原地区，埃塞俄比亚首都亚的斯亚贝巴位于该州境内（图 3-13），交通运输条件与其他州相比较为便利。农业是奥罗米亚州经济发展的主导产业，农作物主要有苔麸、小麦、高粱、玉米等。该州自然资源相对丰沛，但农业发展水平极其滞后，农田基础设施差，尤其缺乏水资源配置所需的基本设施，绝大多数家庭仍以雨养农业作为维持生计的手段。农户家庭对灾害风险的抵御能力弱，粮食生产效率低，贫困问题严重。近年来，随着该地区人口数量不断增长，人均占有土地资源越来越少，原有的粗放型农业经营方式越发难以满足农业生产力发展的客观要求。在土地资源趋于稀缺的形势之下，如何促进农业技术的改进与

---

[1] 数据来源：OLF 网站，http://www.oromoliberationfront.org/OromiaBriefs.htm。

推广成为当地政府部门面临的现实问题。

选取奥罗米亚州作为主要调研点是出于以下考虑：第一，该地区是埃塞俄比亚种植业的主产区之一，但农户的单产水平仍然低下，且各个农户之间的生产效率也存在较大差异，表明粮食产出还有很大的提升空间。农民对于新技术的需求旺盛，未来与中国在农业技术合作方面潜力巨大。第二，埃塞俄比亚整个国土的地貌和气候有较大差异，调研点处于中国援建的埃塞俄比亚农业技术示范中心所在地区更具有针对性。农业发展对自然条件的依赖，决定了只有适宜当地农业生态条件的技术才可能被有效推广。对于相同自然条件下的技术考察，有利于在今后的技术合作中有的放矢，并以点带面逐渐发挥辐射作用。第三，小麦是该地区的主要作物之一，也是中国种植的传统优势作物，调研的 BBM 技术主要用于小麦的种植，对此项技术推广情况的考察有可能为今后中国与当地在小麦种植方面的技术合作提供借鉴。

图 3-13 埃塞俄比亚奥罗米亚行政州及调研区域

BBM 技术是为解决当地粘质土壤出现的过度持水（water logging）问题而开发的一种拓宽加高小麦作物播种苗床的技术。通过这种技术，土壤中的过量雨水可以自动从苗床间排除，以防止水涝和减产。奥罗米亚州 Dendii 政府从 2007-2008 年度的种植季节开始向 10 个村落推广该项技术，每个村落的农户数量在 500~1000 户。至 2013 年 8 月，共计 12940 个农民参加了 BBM 的技术培训①。课题组对这 10 个村落进行农户随机抽样，针对 BBM 技术采纳情况实施了问卷调查。试调研为期 10 天，课题组访谈了当地政府农业部门、技术推广人员等，随机对部分农户做了初步调研，并修改确定最终问卷形式。正式调研于 2013 年 8 月底实施，最终得到 316 份有效问卷，其中采纳 BBM 技术的农户占受访农户总数的 58.54%。样本农户的基本特征描述性统计见表 3-5。

表 3-5 农户基本信息的描述性统计

变量	频次	百分比	变量	频次	百分比	变量	频次	百分比
年龄			务农经验			土地面积		
<30	40	12.66	≤10	78	24.68	≤1	43	13.61
30~39	115	36.39	11~20	114	36.08	1~3	180	56.96
40~49	109	34.49	21~30	85	26.90	3~6	77	24.37
50~54	33	10.44	>30	39	12.34	>6	16	5.06
≥55	19	6.01	家庭劳动力			接受培训次数		
宗教信仰			≤2	164	51.90	0 次	21	6.65
1	267	84.49	3~5	136	43.04	1~3	207	65.51
0	49	15.51	>5	16	5.06	3 次以上	88	27.85
教育程度			牲畜拥有量			拥有手机		
0	88	27.85	≤5	85	26.90	否	85	26.90

① 资料数据由 Dendii 政府农业局提供。

变量	频次	百分比	变量	频次	百分比	变量	频次	百分比
1~6	113	35.76	5~10	148	46.84	是	231	73.10
7~12	107	33.86	>10	83	26.27	非农收入		
>12	8	2.53	合作社成员			无	219	69.30
			未加入	71	22.47	有	97	30.70
			已加入	245	77.53			

　　本次受访农户中，共有 185 户在 2012 年小麦种植过程中采用了 BBM 技术，总体上 BBM 技术在 10 个村落的推广已经取得一定成效，过半数的农户开始接受此项技术，达到样本总数的 58.54%。调研样本主要集中在中青年农民群体，年龄在 30~49 岁的占到了 70.89%，以及少数在 30 岁以下和 50 岁以上的农户户主。当地宗教文化浓厚，所有农户均有宗教信仰，并以基督新教为主，占样本农户的 84.49%，其他宗教信仰包括基督东正教、少数天主教以及本地传统教占 15.51%。被调查农户的教育程度普遍不高，未接受任何正式教育的农户高达 27.85%，有 35.76% 的农户接受了 1~6 年教育（相当于国内小学文化水平），极少数农户接受了高中以上的教育。由于当地人较早参与家庭农业生产，尽管年龄层次不高，但农户的务农经验已经非常丰富，共 39.24% 的人具备 20 年以上的务农经历。虽然没有计划生育政策的限制，但每个农户家庭的劳动力数量并不多，51.9% 的受访家庭仅有一两个劳动力，43.04% 的受访家庭有三到五个劳动力，主要原因是当地医疗水平有限，并且家庭子女一般较早独立成户。埃塞俄比亚相对于其他非洲国家人口较稠密，户均土地面积不大，从采样数据看，农户种植的土地面积①集中在 1~3 公顷，

---

　　① 本研究土地面积的统计值是 2012 年该农户种植的总土地面积，包括家庭拥有的土地面积和租用的土地面积。

占 56.96%。30.7% 的农户家庭有成员从事农业以外的工作，获得非农收入。为克服市场不完善等问题，每个村落形成了一个核心的农民合作社组织，农户通过该组织进行集体性的农资购买、农产品销售等活动，被调查者中有 77.53% 的农户加入了合作社组织。另外，手机日趋成为主要的通讯工具，但不是所有的农户都能掌握手机通讯，26.9% 的的农户仍没有手机。Dendii 政府近几年持续有序地组织农户参加 BBM 技术的培训，绝大部分农户已经参加此类培训，有27.85% 的受访农户参加培训达 3 次以上，表明农户群体对 BBM 技术已经有基本的了解。

四、农户采纳新技术决策的影响因素分析

根据研究假设和模型，以农户技术采纳决策为因变量，以农户资源禀赋、感知易用性、感知有用性和感知社会规范等方面的影响因素作为解释变量，采用分层回归方法，通过三种模型对比来检验模型拟合效果。Akaike 根据信息损失原理提出 AIC 统计指标，用来判别和选择较为合适的模型（Akaike，1974），AIC 统计量越小意味着该模型的信息损失越小，该模型解释力越强，更接近理想模型。表 3-6 中的传统模型通常以农户资源禀赋为主要解释变量考察农户采纳新技术的影响因素，在分层回归时，首先放入农户资源禀赋因素，包括户主特征、农户家庭资源和农户信息资源等；第二步基于 TAM 模型将农户对新技术的感知因素放入模型，包括感知有用性和感知易用性等相关解释变量；第三步放入农户的感知社会规范，作为内化的社会约束纳入模型，检验其与农户新技术采纳决策的假设关系。

表 3-6　回归模型估计结果

变量名称	传统模型	TAM 模型	扩展 TAM
（I）户主特征：			
X1	0.01（0.03）	0.01（0.04）	0.01（0.04）
X2	0.30（0.36）	-0.31（0.49）	-0.37（0.50）
X3	0.01（0.04）	0.03（0.05）	0.05（0.06）
X4	0.02（0.02）	0.02（0.04）	0.04（0.04）
（II）农户家庭资源：			
X5	-0.24（0.11）**	-0.40（0.16）**	-0.44（0.17）***
X6	-0.23（0.10）**	-0.39（0.17）**	-0.40（0.18）**
X7	2.75（0.49）***	1.98（0.61）***	1.99（0.62）***
X8	0.01（0.03）	-0.00（0.5）	-0.00（0.05）
X9	0.07（0.29）	0.16（0.41）	0.01（0.43）
（III）农户信息资源：			
X10	0.17（0.33）	0.07（0.44）	-0.05（0.47）
X11	0.38（0.33）	0.32（0.46）	0.33（0.48）
X12	-0.04（0.07）	-0.09（0.11）	-0.10（0.29）
X13	0.38（0.11）***	0.35（0.18）**	0.25（0.19）
（VI）感知有用性：			
X14		-0.07（0.28）	-0.12（0.29）
X15		0.80（0.36）**	0.64（0.37）**
X16		0.14（0.25）	0.17（0.25）
（V）感知易用性：			
X17		0.16（0.23）	0.09（0.24）
X18		1.64（0.29）***	1.52（0.30）***
X19		0.10（0.33）	0.21（0.34）
（VI）感知社会规范：			
X20			0.09（0.31）
X21			-0.52（0.21）**
截距项	-1.56（0.93）*	-9.10（2.46）***	-6.19（2.69）**

续表

变量名称	传统模型	TAM 模型	扩展 TAM
McF R2	0.19	0.53	0.54
AIC	1.19	0.77	0.757
LR 统计	79.51***	226.33***	233.35***

注：a. 括号内值为标准误；b. ***、**、*分别表示 1%、5%、10%的显著性水平。

表 3-6 的估计结果显示，三个模型均通过了似然比统计量的显著性检验，拟合优度良好。AIC 统计值表明，基于 TAM 的模型及其扩展模型均减少了传统模型信息损失，解释力增强，其中扩展后的 TAM 模型更加接近理想模型。根据扩展 TAM 模型估计结果，本研究分析了当地农户技术采纳决策的影响因素。

（一）农户资源禀赋的影响

在户主特征中，以往研究指出宗教信仰的人际网络可能对农户新技术采纳决策存在影响（Bandiera & Rasul，2006）。研究模型估计结果显示，"宗教信仰"对当地农户新技术采纳决策未见显著影响，主要是由于当地信仰基督新教的农户占据绝对主导。随机抽样的调查样本中，84%以上农户的宗教信仰是基督新教，其他信仰的农户比例不足 16%（表 4-5）。尽管当地宗教文化浓厚，但宗教信仰单一化程度高，农户数据差异度不明显，统计意义上未发现宗教信仰对农户技术选择存在显著影响。另外，户主其他特征如"年龄""教育程度""务农经验"等变量对农户技术采纳决策也无显著影响。由此可见，在 BBM 技术推广的中后期阶段，农户家庭成员对 BBM 技术均持有较为充分的认知，家庭关于技术采纳的决策已经不再倚重于家庭户主角色，从而不受户主个人特征的影响。

农户家庭资源状况对农户新技术采纳决策存在显著影响，其中

"劳动力数量""土地面积"对农户的采纳决策起到了显著反向作用,"小麦种植面积"对农户使用新技术存在正向显著作用。BBM技术对劳动力数量并没有特殊要求,相反,该技术在一定程度上是对劳动力资本的替代(能够预防土壤内涝,减少看护成本)。家庭拥有劳动力越多,越缺乏积极性为替换新技术投入资金成本。土地规模并不是农户采纳 BBM 技术的促进因素,主要原因是拥有较大规模土地的农户出于经济考虑一般会选择种植更多的苔麸作物,而 BBM技术目前主要适用于小麦种植。苔麸是当地的主食,市场需求较大,其价格远高于小麦价格。① 种植更多苔麸显然能增加家庭收入,提高土地使用效率,因此会忽略小麦种植的技术投入。

农户信息资源状况没有对农户采纳 BBM 技术产生显著影响。BBM 技术在当地处于推广的中后期阶段,在受访的农户家庭中仅有4 户没有听说过此技术,绝大多数人接受过 BBM 技术的培训,其中受过 3 次以上培训的农户比例高达 27%(表 4-5)。因此,农户家庭对 BBM 技术的相关信息掌握比较充分,在当前阶段农户家庭的信息资源状况并没有成为阻碍 BBM 技术推广的主要因素。这表明信息资源因素在农业技术扩散过程中的不同时期发挥的作用存在差异,因此,中国在非洲进行技术推广项目中应找准时机,重视技术信息在推广初期可能存在的显著推动作用。

(二)感知有用性和感知易用性的影响

模型结果显示,作为农户对新技术认识的内在约束,感知有用性和感知易用性所涉及的变量指标对其采纳 BBM 技术产生了正向的促进作用。

---

① 由于质量差异和交易时期不同,2012 年苔麸价格在 1200~1500 比尔/100 千克范围内波动,小麦价格为 500~700 比尔/100 千克。数据由本次农户调查得出。

在感知有用性方面，农户在 BBM 技术能使小麦增产的态度上
（"产量提高程度"）存在差异，显著影响了他们的技术采纳行为，
即越是认为新技术增产较明显的农户越倾向于采纳此技术。"农业条
件适用性""新技术采用成本"对农户采纳 BBM 技术并没有构成显
著影响。调查发现，农户在这两方面的态度基本趋于一致，普遍认
为 BBM 技术"较适合"当地的农业资源条件，且采用成本相对"较
低"，农户之间的认知差异度不大。因而，这两个变量指标对农户技
术采纳行为未显示出统计意义上的显著影响。

在感知易用性方面，农户以往"使用经验"对其继续采纳 BBM
技术存在正向显著影响。即农户的使用经验积累越多，对 BBM 技术
掌握得越好，越有利于该农户在种植小麦时继续采用此技术，这与
预期结果相符。从模型结果上看，"新技术可获得性""实际操作水
平"并没有对农户采纳 BBM 技术产生显著影响。调查数据显示，农
户普遍认为 BBM 技术资源的可获得性为"较难获得"，其中有
50.3% 的受访农户认为 BBM 工具"非常难获得"，表明农户在新技
术可获得性上遇到了同等的阻力。经调查，当地市场上并没有 BBM
工具的销售点，很多农户向自己的邻居朋友借用，这无疑对农户采
纳该技术的积极性产生了负面影响。由于埃塞俄比亚的工业基础非
常薄弱，生产 BBM 工具的工厂设在首都，仅限一两家企业按照各地
的实际需求指定生产，农户若有购买意向，需通过村级合作社申请，
当地政府统计之后向企业统一订购。因此，即使农户认为 BBM 技术
具有较强的实用性，但购买获得此技术工具的过程明显存在较高的
交易费用，这降低了农户使用 BBM 技术的比例。

（三）感知社会规范的影响

农户感知的社会规范作为农户个体内化的社会约束，对农户技

术采纳行为存在显著影响。个体对社会规范的遵从是补充非理性决策的重要方面（艾瑞里，2008），农户通过感知社会群体对新技术的整体采纳倾向，来辅助其自身的技术采纳决策。在极端的情形下，即使该农户认为某项新技术可能带来更多经济收益，若群体对该新技术普遍持有一种排斥态度，农户个体对社会规范的"遵从（conformity）"将阻碍影响他们对新技术的选择。由模型估计结果可知，农户"感知村落传统技术使用水平"越高，越倾向于拒绝采纳新技术，表明奥罗米亚州的农户个体关于新技术的采纳决策存在对社会规范的"遵从"倾向。农户对传统技术社会规范的感知对农户采纳新技术的决策产生了阻碍作用，这意味着关于技术使用的社会规范作为一种重要的社会性因素在农户技术采纳行为的研究中应受到重视。农户的技术选择不仅会考虑技术带来的经济效益，还取决于农户个体在社会网络中的互动以及这些互动带来的社会性影响（social influence），社会规范形成与演化的根本动力正是源自个体之间的频繁互动。在扩展模型中，农户"与他人的技术交流"表征着农户间的互动频率。模型分析结果表明，农户间的互动频率未对农户的技术选择产生显著影响，但这并不意味着农户之间的互动在技术推广的其他阶段（尤其是推广初期）也不重要，仅在当前BBM技术推广阶段，农户跟他人关于BBM技术的交流互动"较频繁"，数据差异度不明显，仍有待今后更多实例证据的补充。

值得注意的是，同一村落的农户对该村落关于BBM技术采纳水平的感知存在较大差异。调查发现，农户个体对社会规范的感知源于他们个人较为有限的社会关系中的技术采纳情况，这印证了前文动态分析中农户对社会规范的感知所具有的个体异质性，从而影响其技术采纳决策的程度不同。总体上，BBM技术在奥罗米亚州的推广实例已经揭示出，农户对传统技术社会规范的遵从影响了他们技术采纳的决策，并可能成为新技术扩散的阻碍力量，这将对中国今后在埃塞俄比亚的农业技术推广工作提供重要启示。

第四节 小 结

本章首先为农业技术在农户群体中的扩散研究提供了演化视角，强调了有限知识假设对创新、制度等问题研究所具有的潜在包容性，引入了社会规范这一重要概念，并基于演化理论基础提出了农户技术选择的演化模型，通过仿真实验对比研究了农业技术扩散的动态过程。演化仿真的分析结果表明，新技术在农户之间的扩散过程伴随着社会规范的演化，且社会规范的演化暗含于农户主体的互动和选择行为的演化，旧的社会规范会减缓技术扩散的进程。农户依靠社会网络的互动学习是新技术扩散的推动力量，然而，每个农户的社会网络过于庞大反而会阻碍相互之间学习的效果，此时，旧的社会规范不容易被打破，新技术无法有效传播。这有助于从一个新的角度理解很多发达的农业技术在非洲国家出现"水土不服"的现象，援助过程中的农业技术跨文化传递需要充分理解受援国农户群体的农耕传统、生产习惯与社会规范，否则农业技术在当地的传播将面临意想不到的困难。

本章在实证部分以埃塞俄比亚为例，选取中国援埃塞俄比亚农业技术示范中心所在地区作为调研点，根据演化仿真分析结果对现有 TAM 模型进行了扩展，并提出相应的假设，从农户微观层次考察新技术在当地农村的采纳情况及其影响因素。埃塞俄比亚农户的实证分析结果很好地支撑了由扩展模型提出的假设，跟前文的动态分析结果也形成了呼应与佐证。据此，中国援埃塞俄比亚农业技术示范中心在后期技术示范与推广过程中应注意区分具有不同资源禀赋的目标农户，着力培养目标农户对新技术的全面认知，构建农户之间的交流学习平台，克服关于传统技术的社会规范对新技术扩散的负面影响，加速他们对新技术的使用实践，让中国的农业技术能够在当地落地生根，从而提升农业技术援助的效率。

演化经济学关于个体行为的解释应当从个体知识有限性出发，个体具有不同的知识是个体异质性假设的基础，使得经济行为的多样性成为可能，也孕育了创新的产生。从个体有限知识的假设出发，产生个体学习的能动性与适应性，推演到个体的社会互动、行为规则、互动过程又具备非线性、随机性特征，承认经济现象的复杂性和个体知识状态的不可预测性。因此，演化经济学把研究的重心放在经济的动态过程上，而不是静态的均衡上。演化经济学强调"新奇""创新"对经济增长的贡献，将技术创新与扩散作为研究的重要内容。技术创新的本质是社会知识积累的结果，同时是个体异质性催生的经济过程中的变异。技术的扩散伴随着制度的协同演化，社会规范是社会群体共享的行为准绳，它作为个体的隐性知识背景对个体的选择行为产生了协调和辅助作用。社会规范是个体对群体环境的适应性结果，也在个体的频繁互动中不断演进。以个体的有限知识作为基础假设，所构建的演化模型与计算机仿真方法的结合是农业技术扩散研究的有益尝试。仿真实验对比的分析结果将为中国对非援助过程中农业技术的跨文化传递提供重要启示。中国在非洲的农业技术推广必须重视当地的农耕文化传统，社会规范作为重要的非正式制度可能会对农业技术传递的效果造成不利影响。这从一定程度上解释了为什么包括西方国家的技术援助项目里那些看似能带来经济效益的农业技术却始终难以在非洲地区扎根的原因。因此，中国有必要在今后对非洲的农业技术援助项目中深入农村地区进行调研，充分了解受援国当地的农业发展水平和农民群体的生产习惯，注意农户之间的交流学习等社会互动以及社会规范对农业技术传递的影响。

第四章　社会网络与农业创新扩散

现实世界的经济活动不存在一个稳定的均衡，市场是动态变化的过程。因此，经济学的使命不是要注重"均衡"的分析，而应该解释"非均衡"的过程。农业创新可被视为对原有社会系统的一种"冲击"，农户在社会性互动与经济收益的双重驱使之下可能发生偏好改变。演化经济学能更好地处理这些改变，将农业创新扩散视为一个动态的"过程"，便可以打开创新扩散过程及其规律的"黑箱"。此外，演化经济学强调个体的能动性、适应性。人的行为不是条件反射式的行为模式，而是基于特定目标的。科兹纳等（2008）指出，个体除了有目的性的行为以外，其偏好、预期和知识是不确定和不可预测的。演化经济学强调个体在环境中的适应性特征，个体能够通过学习、模仿等改变行为模式，通过跟其他个体的互动改变自己的知识状态、重塑自己的偏好，有限知识的个体在创新采纳的决策上只能寻求"满意解"，而非"最优解"。个体之间的互动在群体层面逐渐形成特定的习俗、社会规范（social norms）等制度。个体偏好和社会规范的演化共同影响着个体创新采纳的行为，并对创新扩散整体进程起到推动或阻碍的作用。本章从演化经济学的思想出发，以农户社会网络结构作为农户互动的载体，兼顾经济收益与社会规范对农户创新采纳决策的影响，剖析农户创新采纳决策与创新扩散的过程，研究农户社会网络结构在该过程中所起的作用。

第一节 模型构建

一、农户选择倾向模型

Hodgson（2012）指出，收益或效用最大化假设对现实世界行为的过分概括使其本身失去了对经济行为与过程的解释力，它忽视了经济活动所处的社会系统的历史和地理特征。这些特征勾勒出个体之间互动的特定模式，以习俗或规范的形式影响着人们的行为。社会系统自下而上形成的社会规范对有限知识个体的决策发挥了补充作用。作为特定群体共享的信念，它本身就是有限知识个体面临未知环境所发展出的"适应性"结果。那些涉及生活方方面面的隐形规则为社会系统中的成员提供了共同行为的指南或标准（Rogers，1995），从而对个体之间的互动进行有益协调。任何新生事物对社会系统的"介入"应注意现有社会规范的协调作用，即使是法律规则的建立，也离不开社会规范的原始约束（Acemoglu & Jackson，2014）。农户创新采纳的决策既取决于不同选择所带来的经济收益，也取决于农户对当下社会规范的服从程度（Szolnoki & Perc，2014）。上一章在农业创新扩散的研究中基于演化视角构建了农户创新采纳决策规则的模型，可称为农户选择倾向模型，本章在沿用此模型的基础上，出于不同的研究目的对该模型假设做了略微简化的处理①。农户 i 在 t 时期采纳创新的倾向 $\varphi_{i,t}^A$ 和保持传统生产方式②的倾向 $\phi_{i,t}^N$③的表达式分别为：

$$\begin{cases} \varphi_{i,t}^A(\gamma, \ n_{i,t}^A, \ b_{i,t}^A) = \gamma n_{i,t}^A + (1-\gamma) \, b_{i,t}^A \\ \varphi_{i,t}^N(\gamma, \ n_{i,t}^N, \ b_{i,t}^N) = \gamma n_{i,t}^N + (1-\gamma) \, b_{i,t}^N \end{cases} \qquad (式4-1)$$

式4-1中，变量上标"A"和"N"仅作为变量标记区分用，上标为"A"表示采纳创新情形下的变量，上标为"N"表示不采纳创新（保持传统生产方式）情形下的变量。当 $\phi_{i,t}^A > \phi_{i,t}^N$ 时，农户 i 认为在 t 时期采纳该创新"更优"，视为"满意解"，故农户将在 t 时期采纳创新；反之，农户则保持传统生产方式不变。γ 表示农户对社会规范的服从度，不同的农户具有不同的偏好特征，他们对新生事物的接纳程度也大不相同，对社会规范的服从度反映了农户在多大程度上受到社会网络中其他个体决策的影响。即使两个农户在社会网络结构中处于完全相同的位置，由于他们对社会规范的服从度存在差异，他们的创新采纳决策受到社会规范的影响也不同，可能产生不同的采纳行为结果。

$b_{i,t}^A$、$b_{i,t}^N$ 分别表示农户 i 在 t 时期采纳创新与否所带来的相对收益，$(1-\gamma)$ 是相对收益对农户选择倾向的影响系数，即除了受到社会规范的影响之外，农户选择倾向在多大程度上受到经济收益的影响。$n_{i,t}^A$ 和 $n_{i,t}^N$ 分别表示农户 i 在 t 时期感知到的关于采纳创新的社会规范和采用传统生产方式的社会规范。以往的研究通常只考虑了采

---

　① 本章侧重于考察社会网络结构本身对创新扩散进程的影响，出于研究目的的不同，对个体之间的学习规则进行了适度简化。研究假定，当已经具备经验的个体与其他个体接触和交流之后，其他个体将获得与该个体相似的技能水平。

　② 即维持原有的生产制度安排、生产技术等不变。

　③ 农户关于创新采纳的选择倾向表征农户对采纳创新的态度，它受到不同决策下经济收益和社会规范的双重影响，为连续值，非离散值。

纳创新的个体在网络中的积极作用，忽视了那些沿用传统生产方式的个体对创新扩散的负面作用。本章模型充分考虑了两种社会规范之间的"竞争"，而并没有预先假设哪种社会规范对创新扩散将起到最终主导作用，也就意味着社会系统原有的规范可能会阻碍创新的扩散，从而导致创新扩散的失败。两种社会规范之间的竞争视角既考虑了原有规范对农户创新采纳决策的持续作用，也能对新规范的产生过程提供解释。社会系统从旧规范到新规范的过渡即构成了社会规范在社会网络中的协同演化。

　　社会网络是由个体之间的各类社会联系构建起来的，这种构建所形成的相对稳定的社会关联秩序本身就是一种被忽视的"涌现"①现象。由于认知的有限性，个体往往通过与其关系紧密的其他个体的行为方式来感知所在社会群体的规范。研究表明，同伴效应或相邻效应是影响个体决策的重要因素（Leung et al.，2014），这些效应正是群体层面的社会规范得到不断演化的微观基础。当社会网络中的每个个体都如此行事时，在更宏观的群体层面上将可能形成某种未经上层设计的趋于一致的社会选择倾向，即群体模式（pattern）。农户 i 在 t 时期感知的关于创新和传统生产方式的社会规范分别表示为：

$$\begin{cases} n_{i,\,t}^{A}(d_{j,\,t-1}^{A},\ m(i)) = \dfrac{\sum d_{j,\,t-1}^{A}}{m(i)},\ \text{s.t.}\ d_{j,\,t-1}^{A} \in m(i) \\[4mm] n_{i,\,t}^{N}(d_{j,\,t-1}^{N},\ m(i)) = \dfrac{\sum d_{j,\,t-1}^{N}}{m(i)},\ \text{s.t.}\ d_{j,\,t-1}^{N} \in m(i) \end{cases}$$

（式 4-2）

---

　　① 涌现是由于微观个体之间的互动在系统整体上呈现的某种宏观秩序或规律，该秩序或规律的特征并不能由微观个体简单加总得到。

式 4-2 中，$d_{j,t-1}$ 表示在农户 i 的社会网络中农户 j 在 $(t-1)$ 时期采纳创新与否的决策，m (i) 表示在农户社会网络中存在 m 个农户跟农户 i 有直接联系，在局部可被视为以农户 i 为中心点的社会关系网络。该局部社会网络中其他农户 $(t-1)$ 时期的选择将使得该农户对群体的社会规范产生某种"印象"，从而影响其关于农业创新的选择倾向，并最终从宏观上导致社会规范的演化（Acemoglu & Jackson，2013）。

同样地，在经济收益方面仍然需要考虑农户之间的异质性，因为不同农户取得经济收益的能力存在差异，即使他们采用同样的生产方式。农户 i 在 t 时期采纳创新和采用传统生产方式能够取得的相对收益分别为：

$$\begin{cases} b_{i,t}^A = \tau_{i,t}^A s_{i,t}^A \dfrac{b^A}{B} \\[2ex] b_{i,t}^N = \tau_{i,t}^N s_{i,t}^N \dfrac{b^N}{B} \end{cases} \qquad (式 4\text{-}3)$$

式 4-3 中，B 表示两种情况下的收益之和。将不同决策下的收益在 B 中所占的比例视为相对收益值[①]，考虑到经济因素对农户创新采纳决策的影响，通常认为相对收益对农户采纳某种特定创新存在促进作用。

根据 Kabunga 等（2012）的观点，农户做出创新采纳决策之前存在两个阶段：第一阶段是农户对创新的意识状态（awareness）阶段，即农户是否意识到农业创新的存在，用 $\tau_{i,t}$ 表示第 i 个农户在 t 时期对创新的意识状态，若农户不知道该创新的出现，取值为 0，反

---

① 同一模型下，变量对应的数据量级不同可能带来计算结果失真，为避免两种情况下的收益存在量级上的差异，宜采用所占比例的形式来定义相对收益，而不采用两种收益的比值。

之取值为 1；第二阶段是农户对创新的知识状态阶段，即农户通过各类渠道获得关于创新的知识或技能，用 $s_{i,t}$ 表示农户 i 在 t 时期掌握该创新的知识或技能水平。

培训宣传、田间指导是中国农村地区常见的农业推广手段，尽管私营企业、农业合作社介入的农技推广服务近年来越来越壮大，但仍以政府导向的农技推广体系为主体。（孔祥智、楼栋，2012）在创新扩散初期，接受培训的农户较早获得关于创新的信息、知识或技能，他们是农户社会网络中的"扩散源"，通过这些农户在社会网络中的交流互动，信息、知识或技能得到传播。因此，农户 i 在 t 时期对创新的意识状态可表达为：

$$\tau_{i,t}^{A} = \begin{cases} 1，接受培训或被告知 \\ 0，其他 \end{cases} \qquad （式 4-4）$$

由于知识结构的差异，农户在获得培训之后对创新的掌握程度存在差异。农户 i 在 t 时期掌握的知识或技能水平可表达为：

$$s_{i,t}^{A} = \begin{cases} 1，一旦采纳过 \\ \mu_{i,t}^{A}，接受培训或与他人交流 \end{cases} \qquad （式 4-5）$$

式 4-5 中，$\mu_{i,t}^{A}$ 服从（0.5，0.25）的正态分布，以表征实际情况中大部分农户的学习能力处于"一般"水平，少部分农户的学习能力分别处于"极好"和"极差"的水平。

二、农户社会网络：WS 模型

社会网络中的同伴效应是影响个体决策至关重要的社会性因素，微观层次的同伴效应将推动社会规范在群体中的不断演进。已有研究表明，在创新扩散过程中，社会系统中的个体往往会受到同伴决策的影响，从而构成某种程度上的"从众"现象。然而，假定系统中所有的个体都处于"观望"状态，创新的扩散几乎不可能成功。事实上，在扩散的过程中必定存在一部分个体会较早地采用创新，称为"开创者"。（Rogers，1995）在关于创新扩散的研究中存在这样一个基本事实：无论处于何种社会文化之下，某项创新随时间的扩散总是一致地呈现出非线性的"S"型增长状态。（Grübler，1996）

造成农户采纳创新先后之别的原因成为创新扩散研究关注的焦点，社会系统中个体之间的异质性是回答该问题的关键。首先，传播源在社会网络中的位置决定哪些人先于他人获得有关创新的信息和知识。在农业创新扩散中，传播源通常是接受技能培训的一部分农户，他们最先得到创新的相关信息，紧接着跟他们联系紧密的农户相对其他农户也将较早地接触到相关信息。信息传播是让群体中的其他个体知晓创新的关键环节，也是个体意识到该创新成为一种选择的前提。信息传播在网络结构中是一个动态过程，这个过程就意味着每个个体接触到创新的早晚存在差异。其次，个体在社会网络结构中的位置存在差异，个体拥有不同的社会联系，对社会规范有不同的感知，从而做出不一样的决策。换句话说，尽管所有的农户都可能受到同伴效应的影响，但由于个体所处的局部社会网络大不相同，农户在采纳创新决策时受到程度不同、方向不同①的影响。最后，个体特征差异也是影响决策有先后差异的原因。在本章模型中，农户对社会规范的服从度表征着农户个体不同的偏好特征，这些特征可能阻碍或推动整个创新传播的进程。

社会网络大体上可分为规则网络、随机网络和无标度网络

---

① 当周围更多的人没有采纳创新时，可能会"抑制"该农户采纳创新的倾向；反之，则对农户采纳创新又产生"促进"作用。

（scale-free network）三种类型。Watts 和 Strogatz（1998）提出了一种"小世界"网络，即 WS 模型，它介于规则网络与完全随机网络之间，具有平均路径长度小、集聚系数高的特征，随后被逐渐运用于社会科学的研究领域。回顾中国乡村社会的形成历史容易发现，中国乡村实质上是以传统自然村落为基本单位构成的，这些自然村落通常以血缘为纽带并随时间演化，最终形成自然聚居现象。现在的行政村正是基于自然村落发展起来的最低行政管理区域，原来的自然村落则成为生产小组被组织起来，隶属村民委员会。在创新扩散的研究情境下，农户社会网络较适宜限定在行政村的范围内。行政村之间在地理位置上往往有较明确的界限①，行政村内的村民生产小组处于自然聚集状态，农户是以土地为主要生产资源的生产者群体，生产小组之间的距离也可能有远有近，信息传播存在一定时滞和差异。基于地缘和血缘两大主要因素，农户之间产生了联系与互动，构成了特定的农户社会网络。显然，这种网络并不遵循任何"择优连接"的原则，即不属于无标度网络类型，更不属于完全的规则网络和完全的随机网络类型，而相对符合"小世界"网络的典型特征，理由如下：其一，由于生产实践、闲暇娱乐等，农户在村民生产小组内部的联系非常频繁，信息在组内传播非常快。行政村由若干这样联系紧密的小组构成，意味着农户社会网络中存在较高的集聚系数，农户的联系圈子非常固定，与农户 A 联系的农户 B 和农户 C 之间也通常紧密联系在一起；其二，不同的生产小组之间往往通过村级会议、村内婚姻、朋友等形式建立起联系，这些联系大大增加了村级农户社会网络的连通度，使该网络表现出平均路径长度

---

① 并不意味着否定村与村之间存在的互动，仅限于本研究的情景来说，以行政村为一个社会网络整体是较为适宜的。

小的特点，即在农户社会网络中，任意两个农户之间的信息传递所需要经过的其他农户数是比较少的。这两个重要特征说明，中国农村社会网络介于规则网络和随机网络之间，宜将其视为典型的"小世界"网络。

本章以农户为主体，利用 NetLogo 平台①，基于 WS 模型构建出农户社会网络，根据农户选择倾向模型设定农户创新采纳决策的规则，以金鸡村藜蒿种植扩散的实际数据对所建立的仿真模型进行参数校准，确保模型的可信度。在此基础上，利用模拟数据来研究农户在社会网络结构中的异质性特征如何对创新采纳决策与创新扩散过程产生影响。

第二节　数据来源与模型校准

一、数据来源

本章选取湖北武汉蔡甸区金鸡村作为调查点，收集了 2001—2014 年 10 个自然村共计 464 户农户②对规模化藜蒿种植采纳情况的数据。金鸡村地理位置优越，交通非常便利，因而物流成本相对低，有利于发展蔬菜产业。湖北是全国农业大省，水稻历来是湖北农村农业生产的主要农作物，农户在水稻种植方面积累了丰富的经验。金鸡村在种植水稻的同时尝试种植其他作物（例如西瓜）来提高家

---

① NetLogo 是目前较为常见的用于 ABM 的软件平台。

② 由于要考察创新扩散的整体情况，不宜抽样，本研究收集了金鸡村所有农户关于藜蒿种植情况的数据。

庭收入。2001 年，在农业产业化调整的政策背景下，金鸡村从云南等地引入了适宜在当地生长的蔬菜新品种——藜蒿。随后，村委会组织邀请技术人员对村组干部、党员以及部分村民进行简单的指导培训，免费发放藜蒿种子，鼓励试种。2008 年以来，金鸡村规模种植藜蒿的农户越来越多，已经逐渐发展出颇具特色的藜蒿产业模式。在当地，藜蒿已经替代了传统农作物的经济地位，成为农户家庭收入的主要来源。选取金鸡村的藜蒿产业发展作为农业创新扩散的典型案例不仅具有重要的现实意义，更为重要的是通过对金鸡村藜蒿种植的扩散过程进行模拟和解析，从而探索农户社会网络结构对农业创新采纳决策与创新扩散过程的影响。

二、模型估计与校准

本研究根据 WS 模型采用 NetLogo 平台搭建 464 户农户的社会网络，设置节点数为 464，节点平均度为 $\bar{c}$，重连概率为 p_r。然后，基于农户选择倾向模型构建农户个体层次关于创新采纳的决策与互动机制，模拟出创新在农户社会网络中扩散的过程。最终，以农户为主体所建立的仿真模型包含有两类未知参数：一类是直接可观测的，可采用实地调查方法（Field Research，FR），即可获得模型参数对应的实际值；另一类是难以通过观测直接获得的，但能根据场景模拟法（Method of Simulated Moments，MSM）对所需参数进行推断估计。（Banerjee et al.，2013）仿真模型所包含的主要参数及其估计方法见表 4-1。

表 4-1　模型参数及其估计方法

参数	定义	范围	方法
$\bar{c}$	农户节点平均度	R^+	FR（4）
b^A	藜蒿每亩年纯收益（元）	R^+	FR（9700）
b^N	其他作物的每亩年纯收益（元）	R^+	FR（3000）
ω_t	初始培训农户的比例	（0，1）	FR（0.08）
p_r	农户社会网络的重连概率	（0，1）	MSM
μ_c	农户对社会规范的平均服从度	（0，1）	MSM
p_w	农户向相邻农户传递信息的概率	（0，1）	MSM

根据 MSM，在参数的取值范围内，对应于参数的每一组可能取值，模型模拟运行 k（$k=100$）次，把第 i 次运行给定场景时刻的模拟结果记为向量 $m_{sim,i}$，把该场景的实际数据记为 m_{emp}。模型最终估计的参数组合应能使以下方程取得可能参数组合条件下的最小值（Banerjee et al.，2013），可称其为拟合差异度方程：

$$Diff = \text{argmin}\left(\frac{1}{k}\sum_{i=1}^{k} m_{sim,i} - m_{emp}\right)'\left(\frac{1}{k}\sum_{i=1}^{k} m_{sim,i} - m_{emp}\right)$$

（式 4-6）

为估计出模型中的未知参数 p_r、μ_c 和 p_w，原则上，由若干场景数据便可以确定各个未知参数的估计值，但所得的参数估计值仅能在给定的场景时刻达到局部最优。因此，本研究考虑纳入实际数据的全部场景时刻，即 2001—2014 年金鸡村农户采纳种植藜蒿的实际比例，从而估计出达到全局最优拟合的一组参数值。通过不同参数组合下模拟结果的比较，本研究得到金鸡村藜蒿种植扩散情景下的仿真模型参数全局解 $Diff^G$，表达式为：

$$Diff^G(p_r = 0.20;\ \mu_c = 0.39;\ p_w = 0.85) = 0.05 \quad （式 4-7）$$

模型的拟合结果表明，当参数满足式 4-7 中的赋值条件时，基于农户选择倾向模型所生成的模拟结果最为贴近金鸡村藜蒿种植在农户社会网络中扩散的实际数据。由估计结果可以推断，金鸡村农户对藜蒿种植的决策受到社会规范的影响，农户对社会规范的平均服从度处于 0.39 的水平，即大部分农户在种植藜蒿的决策上较多受到经济收益因素的影响，社会规范对农户种植藜蒿决策的影响则较弱一些。但是，这并不意味着社会规范在农户创新采纳决策过程中丧失了约束力。社会规范影响程度的强弱往往跟该地区人员流动程度和农民整体素质有关。而且社会系统中的"口碑效应"是创新得以扩散的关键机制。估计结果显示，金鸡村的农户向邻居进行信息传递的平均概率为 85%，这意味着农户之间的互动交流非常频繁，这在很大程度上推动了藜蒿种植在金鸡村农户之间的扩散。

图 4-1 显示了本研究模型对金鸡村藜蒿种植扩散情况的模拟效果，农户对藜蒿种植的采纳比例在 2008 年左右达到了峰值，这与实际情况吻合。2011 年之后，在金鸡村采纳藜蒿的农户数量有略微下降，这主要是少数村民搬迁、外出务工、自然死亡等因素造成的。

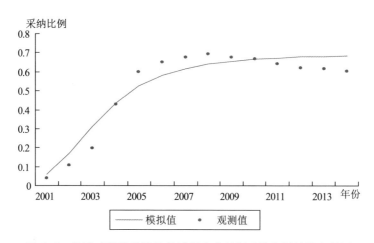

图 4-1 模型对藜蒿种植扩散过程农户创新采纳比例的拟合效果

第三节　仿真结果与分析

一、农户社会网络特征、信息传递与创新采纳

如前文所述，农户在创新采纳决策之前可分为意识状态和知识状态两个阶段，而这两个阶段的状态受到农户基于社会网络的交流、学习等社会性互动的影响，并进一步影响农户创新采纳的决策。基于校准后的仿真模型，本研究通过随机算法从 100 组模拟数据中选取 10 组数据[①]，研究农户的社会网络特征对信息传递与创新采纳决策的影响。

个体层次的社会网络特征主要包括节点度（degree）、中介中心度（betweenness centrality）、紧密中心度（closeness centrality）、特征向量中心度（eigenvector centrality）。节点度是节点在网络中与其他节点产生的连接数目，用于测度农户在社会网络中与其他农户发生直接联系的程度；中介中心度是节点在网络中被任意两个节点最短路径所经过的次数，可表征农户在创新扩散过程中从一个团体到另一个团体的中介作用；紧密中心度是节点到达所有其他节点最短路径的平均值取倒数，紧密中心度高的网络节点更多地掌握着信息传递的最短路径；特征向量中心度主要测度农户在社会网络中的影响度，跟该节点产生联系的其他节点之间如果也存在联系，则该节点

---

① 模拟获得的农户样本数为 4640 个，从而避免单组数据分析可能存在的偶然偏误。

将被赋予较高的特征向量中心度，反之则反。①

　　信息传递是创新采纳的重要前提，社会网络结构对农户之间的信息传递起到了至关重要的作用。社会网络表征着农户之间的现实关系，农户在网络结构中的不同位置意味着他们存在关系连接上的异质性，这种异质性可能导致农户对创新相关信息的获得时点存在明显差异。本研究选取农户意识到创新存在的时点（即"信息获得时点"）为因变量，以农户在社会网络中的特征值为自变量，考察农户在社会网络中的特征对其信息获得时点的影响。首先，本研究对 4 个社会网络特征值进行了相关性分析，结果显示它们之间的相关系数的范围为 0.41~0.74，表明存在较强的相关关系，可能产生多重共线性问题。因此，宜采用逐步回归（stepwise regression）方法排除自变量之间的相互关系对模型估计的影响。

表 4-2　农户社会网络特征与信息传递

自变量	回归系数	标准误
截距项	4.443[***]	0.199
紧密中心度	−10.344[***]	1.314
节点度	−0.110[***]	0.021
R^2		0.032
F 值		77.614[***]

　　注：[***]、[**]、[**]、[*] 分别表示 0.001、0.01、0.05 的显著性水平；表中是根据逐步回归法剔除不显著变量的最终结果。表 4-3、表 4-4 同。

　　表 4-2 结果显示，农户在社会网络中的节点度、紧密中心度等特征对农户信息获得时点存在显著影响，且对农户获得创新信息时点的影响是负向的。当农户在网络中的节点度越高，即与越多农户

―――――――――

　　① 本研究对社会网络中农户特征向量中心度的计算值进行了正态化处理，以便统一标准进行分析。

产生直接联系，就能越早从社会网络中获得创新的相关信息，能越容易地联系到整个社会网络中的其他农户，能越早获得创新的相关信息。这表明，农户在社会网络中的位置特征对创新相关信息的传递存在影响，导致有些农户相对其他农户能较早地接触到创新，农户社会网络特征上的差异是前文所述农户异质性的重要方面，农户信息获取较晚将阻碍其对创新的采纳。

农户采纳创新的决策不仅取决于他们所获得的信息，也取决于他们对信息的处理能力。在本研究中，这种信息处理既是农户对创新采纳不同决策下相对收益的衡量，也是对社会网络中其他农户决策信息的处理。相对收益是影响农户决策的经济因素，社会网络中农户之间的互动作为影响农户决策的社会因素，是构建社会规范的微观基础。为弄清楚社会网络结构是否对农户创新采纳存在直接影响，本研究以农户的"创新采纳时点"为因变量，采用逐步回归分析农户在社会网络中的节点度、中介中心度、紧密中心度、特征向量中心度特征对其创新采纳时点的影响，结果见表4-3。

表4-3 农户社会网络特征与创新采纳时点

自变量	回归系数	标准误
截距项	1.975***	0.570
紧密中心度	8.285***	3.694
特征向量中心度	−1.001***	0.322
R^2	0.002	
F值	4.940***	

从估计结果看出，农户在社会网络中的特征向量中心度对其创新采纳时点起到了显著的负向作用。当农户的特征向量中心度越高，在村级社会网络中的影响力越大，农户越早采纳创新。特征向量中心度表征了农户在整个社会网络中的地位，在农村社会网络中，特

征向量中心度较高的角色通常是村级干部、意见领袖等，他们在创新采纳过程中起到了重要的推动作用。实地调查支持了这一结论，在金鸡村推广藜蒿初期，采纳藜蒿种植的农户当中以村组干部和村民党员为主。[①]

农户在社会网络中的紧密中心度对其创新采纳时点具有正向影响。这表明，跟其他农户联系较紧密的农户虽然能较早地获得关于农业创新的信息，但却在采纳决策方面表现出犹豫不决，以致较晚采纳创新。农户在社会网络中的节点度、中介中心度并没有对其采纳创新决策构成显著影响。这意味着，在个体层面，农户在社会网络中的位置虽然会影响他们信息获得的效率，但对其是否采纳创新的决策并不确定，甚至出现较早获得信息的农户较晚采纳农业创新的情况。

二、传播源与创新扩散

在群体层面，任何创新的扩散都涉及一个传播源的问题，然而现有文献关于创新传播源特征的讨论不多。即使在经典的传染病模型中，传播源的社会网络特征及其对创新扩散的影响并没有得到重视，现有研究更多地专注在对扩散机制的探索上（罗荣桂、江涛，2006）。创新扩散过程具有系统性、复杂性的特征，创新扩散的初始状态很可能对整个创新扩散进程产生不可逆的影响。对传播源特征的考察将有助于揭示这些特征对创新扩散可能存在的影响。在农业创新扩散的情境里，传播源主要是指最初接受推广培训或指导的农户，称为源头农户。本研究运行已校准的仿真模型（100 次），然后

①　尽管最初他们在一定程度上受到来自村委行政力量的干扰，但他们对藜蒿的后期持续种植与扩大规模种植的行为证明，这种干扰在扩散后期可以忽略。

选取创新扩散平均速率（即在给定扩散周期内①平均每年采纳创新的农户所占全体农户的比例）为因变量，考察源头农户社会网络特征和偏好特征对农业创新扩散平均速率的影响。其中，社会网络特征值采用源头农户的节点度、中介中心度、紧密中心度和特征向量中心度的均值，农户偏好特征采用源头农户社会规范服从度、创新采纳时点的均值。

表 4-4　源头农户偏好特征与创新扩散平均速率

自变量	回归系数	标准误
截距项	0.050 ***	0.006
社会规范服从度（均值）	-0.051 ***	0.017
创新采纳时点（均值）	0.009 ***	0.001
R^2	0.407	
F 值	32.983 ***	

表 4-4 结果显示，源头农户的社会规范服从度对农业创新扩散平均速率存在显著影响。源头农户越倾向于遵从社会规范，创新扩散的整体速度就越慢。这表明，源头农户对社会规范所具有的不同态度不仅从微观层面上影响着自身采纳创新的决策，而且从宏观层面上影响着创新扩散的整体进程。此外，源头农户的创新采纳时点也对创新扩散平均速率产生了显著影响。②

源头农户的社会网络特征并没有对创新扩散的平均速率产生显著的影响。然而，这并不是说源头农户在社会网络中的位置与创新扩散进程没有任何关联。在给定类型的农户社会网络下，中长期创

---

① 研究以 2014 年为创新扩散的考察期（2001—2014 年）。

② 结果显示两者之间存在正向关系，即源头农户越晚采纳创新，创新的扩散速率反而越大。这可能跟后文将要讨论社会规范演化过程中的"临界规模"有关，源头农户在较晚的时点采纳创新在一定程度上造成了特定时点下更多采纳者的涌现。

新扩散的平均速率可能不受传播源社会网络特征的影响。例如，经
历 2014 年的藜蒿种植扩散，采纳藜蒿种植的农户数量基本趋于稳
定，创新扩散平均速率在统计意义上与传播源在社会网络中的位置
没有显著关联。如果将考察期适当缩短，在较短时期内，创新在农
户社会网络中的扩散程度可能存在较明显的差异，传播源在社会网
络中的位置会对短期内的创新扩散进程产生影响。①

三、农户互动与临界规模

在创新扩散的研究情境下，临界规模（critical mass）是指扩散
过程中某时点之后对创新的采纳形成一种自我维持（self-sustaining）
的状态，在该状态下创新的后续扩散（例如进一步的创新推广）能
够不依靠外界力量的支持。临界规模的存在与出现意味着该社会系
统对于创新扩散的接纳呈现出全新的系统特性，这种特性并不能直
接从个体采纳决策的规则中分析推导出来，可视为一种弱涌现
（weak emergence）。②

在农户社会网络的扩散过程中，农户之间的互动以基于社会网
络的交流学习为主要形式，即所谓的"口碑效应"。口碑效应推动了
信息在社会网络中的流动，成为涌现发生的第一个前提基础。社会
规范在创新扩散过程中的作用是双面的，既是扩散初期的阻力，又
是扩散中后期的动力。研究认为，社会规范是构成创新扩散过程最
终呈现"S"型的重要原因，也是群体采纳行为可能在某一时点出现
临界规模涌现的背后力量，而这个时点何时到来可能跟口碑效应的

---

① Banerjee 等（2013）的研究支持了这一观点。
② 相对于完全无法从个体加总获得系统特征规律的强涌现而言，弱涌现通常是能够通过计
算机模拟个体层次的互动观察得到的系统性特征。

信息传递密切相关。

　　根据 Rogers 的阐述，本研究把临界规模定义在"S"型曲线切线斜率最大的时点，即创新扩散过程中新增采纳农户最多的一年。为考察农户间信息传递与临界规模之间的联系，本研究模拟了不同农户信息传递概率（p_w）下的创新扩散过程，并从中找出临界规模的时点和新增采纳农户数量。同样地，仿真模型对应每个 p_w 值进行模拟（100 次），然后对模拟数据取均值，以减少随机因素带来的偏误。从模拟结果看出，农户信息传递概率存在一个阈值，当农户之间信息传递的概率大于此阈值，在足够长的时期内，创新扩散的最终采纳比例将不再受农户信息传递概率的影响。图 4-2 显示，当农户间信息传递概率 p_w 超过约 25% 之后，经历 14 个周期（年）的扩散，创新的最终采纳比例将维持在 70% 上下波动。当 p_w 在 25% 临界值之前，创新扩散的程度随着农户交流程度的增大而增大。这表明，农户基于社会网络结构的信息传递虽然重要，但当给定足够长的扩散周期时，它将不会影响创新扩散的长期结果。[①]

　　既然农户间的互动从长期来讲不影响创新扩散的结果，那么，这些互动就变得不重要了吗？通过进一步对不同农户信息传递概率下临界规模时点的观察发现：第一，临界规模到来的时点随着农户间信息传递概率的增加而提前，即农户之间通过交流传递信息的概率越大，农户群体性创新采纳的"涌现"现象发生得越早。第二，在临界规模时点新增的采纳农户数量随着农户间互动的增加而明显增加。这表明，尽管农户之间信息传递与互动可能不会改变创新扩散的长期结果，但它却能对临界规模到来的时点以及该时点下新增

---

　　① 这并不意味着在短期内的创新扩散中也是如此，一般认为，在较短时期内，随着农户之间互动频率的增加，创新扩散得越快，采纳的农户数量越多。

采纳农户数量产生显著影响。这些发现将有助于更好地理解社会网络中农户间的互动对创新扩散过程的重要作用。

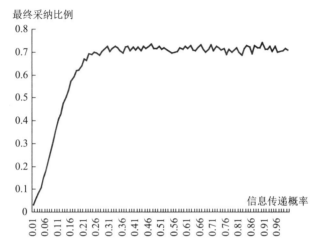

图4-2 创新扩散最终采纳比例随农户信息传递概率的变化趋势

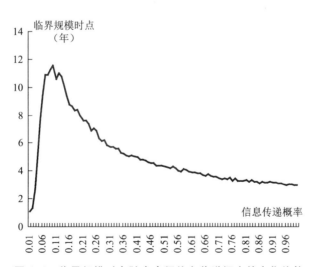

图4-3 临界规模时点随农户间信息传递概率的变化趋势

第四节　小　结

现阶段农业转型与发展符合中国经济发展的内在要求，势必在中国经济发展史上承载另一次划时代意义。农业生产过程中的创新及其扩散是农村改革发展、农民增收致富的关键环节，如何推动创新在农户群体中的扩散为实现农业技术变革与农业产业化转型提供了微观基础。农民是农业创新扩散过程中的行为主体，在不确定性与非完全信息条件下，经济理性对个体决策的影响在某种程度上被削弱，个体做出"更满意"的而非"最优"的选择成为更加合理的假设基础。为应对现实中无处不在的不确定性与非完全信息困境，个体所具有的"适应性"通过社会性互动发展出某种群体性的共同倾向、信念的集合，即社会规范，作为群体协调的辅助机制。这些规范不仅影响着微观个体采纳创新的决策，也可能影响着创新扩散的整体进程。而这些影响的发生离不开群体所构成的社会网络载体。基于上述思想，本章以金鸡村的藜蒿种植产业发展为事实基础，采用 WS 模型构建了农户社会网络，以农户选择倾向模型建立农户在社会网络中的创新采纳决策与互动规则，仿真模型结果能较好地拟合金鸡村藜蒿种植在农户间的扩散过程，通过校准后的仿真模型研究了农户的社会网络特征与创新采纳、创新扩散的关系。研究发现：第一，社会网络结构对农业创新在农户群体中的传播与采纳存在显著影响。农户在社会网络中的中心地位越高，往往越早获得创新的有关信息，进而影响他们对创新的采纳决策。第二，传播源是创新在社会系统中进行扩散的初始力量，最初接受培训指导的农户对社会规范的态度不仅会对其自身的采纳决策产生影响，也会影响整个创新扩散的进程。第三，农户间的信息传递概率在一定程度上不影响创新扩散的长期结果，但却会对临界规模的大小及其到来的时点产生影响。

中国在农村地区推进农业创新与扩散的实践中，理应对当地农户的社会网络结构与特征有充分认识，抓住农业创新在农户社会网络中的传播规律，科学制定新技术、新品种或新方法在农业生产中的推广策略。例如，在农业创新的推广初期应找准切入点，根据农户的偏好特征选择有效的传播源头，传播源头的农户越倾向于打破原有规范，越有利于在整体上推进农业创新扩散效率。在创新扩散的过程中，应充分鼓励农户之间的交流互动，可使得农业创新扩散在推广中期更加顺畅。研究也表明，当把农业创新扩散剖开作为一个"过程"来看时，很多过程细节能够得以考察，同一因素可能对创新扩散在长期与短期、微观与宏观层次上具有不同的影响，这将启发今后在农业创新扩散研究中进一步探索这些影响存在的规律。

第五章　多个农业新品种的扩散

　　中国农村农作物病虫害发生面积呈逐年上升趋势，不仅直接影响农民收入，也对国内农产品供给安全造成严重威胁。随着消费需求升级和供给侧改革，中国农村也逐渐探索出富有地方特色且经济收益较高的产业化发展模式，但由于气候变化、农资投入不当或连年重茬种植等因素导致各类新型作物病虫害迅速蔓延。根据中国农技中心数据，2018 年农作物重大病虫害总体发生面积预计将达到 50 亿亩次，将比往年更加严重。[①] 农作物病害高发，势必衍生为中国实施乡村振兴战略过程中的"绊脚石"。乡村振兴战略实施需要农业科技力量的支撑，新品种研发是解决病害危机的第一步，这些新品种在农户群体中的有效推广是关键环节。

　　枯萎病被视为香蕉树的"癌症"，枯萎病的肆虐蔓延已经严重制约中国香蕉产业的发展，广西、广东、海南等省区蕉农种植积极性大幅度下挫，同时出现种植大户为躲避病害不断更换新土地种植的粗放型资源利用方式，损害产业的可持续发展。目前，各省区研究机构已经研制出不同品种的抗病香蕉种苗，主要有"BD"和"NTH"两种。两种不同抗病品种在各地的推广情况存在较大差异。考虑作物病害危机的情境，考察农户面临不同抗病新品种的选择行为以及新品种扩散规律，首先必须厘清适宜于此研究情境的假设基础以及农户决策理论。

---

　　① 资料来源：植物病虫情报，全国农业技术推广服务中心，2018 年 1 月 3 日。

目前文献鲜有考虑作物病害危机的研究情境，有无作物病害的不同情境下农户决策行为存在很大差异，这就需要探索与之相适应的假设基础与农户决策理论。海南澄迈蕉农的调研为研究提供了事实基础，本章将基于新的理论假设分析香蕉枯萎病爆发情境下农户新品种采纳决策，尝试对现有农户决策理论进行补充。现有研究只考虑农户对单一新技术的采纳意愿或行为，较少考虑市场上出现多个相似技术或品种的现实情况。事实上，多种新技术或品种之间存在市场竞争关系，农户对多个新技术的采纳呈现何种规律值得探讨。本研究涉及两个抗病新品种香蕉苗，将尝试构建农户面临多个新品种的采纳决策模型。在澄迈蕉农新品种采纳行为的调查基础上，本章对谢林模型进行了改进，尝试采用仿真方法对作物病害危机下两个新品种扩散所呈现的独特现象进行解构，探析新品种扩散秩序背后的逻辑。

第一节　模型构建

一、模型理论基础

（一）小农"理性不及"：有限知识假设的替代

本研究主要以家庭为基本单元的香蕉种植小农为研究对象，现有经济理论体系关于小农决策行为的经济分析存在两个重要的思想传统：①以舒尔茨和波普金为代表的"理性小农"传统。小农经济是维持简单再生产的经济发展模式，生产要素的供给与需求处于长期均衡状态，即小农缺乏增加传统生产要素的动力。舒尔茨（1987）

认为，小农对生产资源的配置是理性决策的结果。若要引入现代生产要素（如新技术、新品种）来改造传统农业，就要对农民进行人力资本投资。农民必须要具有跟新生产要素相匹配的技能和知识水平，才能从传统农业的"均衡"跃迁到新的均衡，摆脱长期的发展停滞。波普金继承了舒尔茨对小农经济行为的基本假设，指出小农会权衡利弊，追求生产利益的最大化，即为理性的小农（波普金，1979）。②以恰亚诺夫和斯科特为代表的"生存小农"传统。恰亚诺夫（1996）抛开"经济理性"为前提的农民生产行为分析传统，强调从农民的心理状态出发分析其经济行为，如直觉经验、下意识等因素在农民经济决策中发挥作用，农民对新技术使用是否有益有自己的独特理解。斯科特（2001）通过对东南亚小农经济的分析指出，大多数小农家庭面临经济困境，生活在生存线的边缘，农业生产面临气候条件的变化，基本没有机会进行新古典主义经济学的收益最大化计算，生存安全、避免风险是小农决策的重要原则。

尽管两大思想传统之间存在明显的分野，但从两类研究的论证思路可以归纳出一个共识，即小农决策理论的基础假设都必须基于实际具体的研究情境，且小农的知识或经验在其生产决策中发挥重要作用。在枯萎病病害肆虐之下，小农的传统品种香蕉一旦染病，便面临绝收，继而不得不放弃传统品种的种植。此时，作物病害危机可视为对原来处于"均衡"状态的经济系统的严重外部冲击（shock），小农社会生产的原有秩序被扰动，在较短时期内可能出现一定程度的混沌状态，这种状态容许小农做出可能错误的决策，奥地利经济学派称之为"试错"。显然，根据"理性小农"或"生存小农"的假设均无法推演得到小农犯错的可能性。面对市场推出不同的抗病新品种，小农并不具有完备的知识来甄别多个新品种的差异，也无法对种植不同品种所导致的经济结果进行准确预测，导致小农在决策过程中表现出"理性不及"。哈耶克（2003）指出，经济运行的宏观秩序并不要求个体拥有完美的理性，相反，个体的理性不及恰恰是知识分工的结果，个人仅依靠有限的知识进行决策，具有不同知识的个体通过协调合作可以实现市场的"均衡"状态。有限知识的小农在作物病害危机下，迫于灾害压力必须改变原有的生产安排，同时，小农又难以在短期内获得有关抗病新品种的知识，这些知识包括新品种的种植方式跟传统品种的差异、新品种在本地的抗病性以及产量表现、新品种果实的市场接受程度（收购商会否接受）、收购价格等等。有限知识假设并不是否定"理性小农"思想传统，而是对"理性小农"假设的松弛。小农如果具备决策相关的完备知识，自然有积极性做出自身利益最优的理性决策。然而，这一前提在通常情况下尤其在作物病害危机的研究情境下难以满足。因此，需要从有限知识的假设基础出发，解析理性不及的蕉农面临多个抗病新品种的采纳决策机制。

（二）有限知识蕉农决策特征：不确定性与局部遵同效应

蕉农在种植传统品种的长期生产实践中积累了有用的经验知识，但这些知识完全不足以应对枯萎病害带来的毁灭性冲击。不仅如此，蕉农还可能错误地将原有知识运用在新品种的种植上，导致新品种的产量减少或抗病性减弱。蕉农在遭遇枯萎病后对抗病新品种的认识需要一个过程，尤其面临多个抗病品种的出现，早期采纳者和中后期的采纳者决策机制上存在一些差异，主要表现为以下两个重要特征。

1. 不确定性下的随机决策

个体的有限知识不足以估算出各种情况发生的可能性，决策面临不可衡量的风险，即个体决策存在不确定性。（奈特，2005）在枯萎病病害发生的早期，受损的蕉农对市场上出现的抗病新品种几乎一无所知，在此情境下，蕉农并不清楚哪个新品种是更优的选择，往往从种苗零售商处获得零星相关信息。当市场上有多个种苗零售商，分别售卖不同类型的香蕉抗病新品种，蕉农首先会接触哪一类新品种存在不确定性，有限知识的蕉农最终的决策也同样不确定。种苗零售商与蕉农之间存在相对松弛的合作关系，当然蕉农也不会完全信任种苗零售商，蕉农关于抗病新品种的选择存在很大程度上的随机性。课题组在海南澄迈县的蕉农调查印证了该观点。蕉农的抗病新品种主要来源于当地的种苗零售商，他们并不具备关于新品种的完备知识，对不同新品种的偏好跟首先接触的种苗供应者有很大关系。从宏观秩序上，抗病新品种采纳者由于有限知识的局限存在随机采纳的倾向，尤其在作物病害发生的初期。

2. 局部遵同效应

个体是能动的，有限知识的蕉农会通过学习来改善和更新知识状态。已有研究指出，社会网络关系在农户新品种采纳决策中发挥着重要作用。在新品种推广的中后期，蕉农通过社会网络互动交流学习不同抗病品种的知识。后期采纳者将会在很大程度上"跟随"周边早期采纳者的决策，表现为局部遵同效应。（Young，1996）之所以是局部的，因为蕉农不可能观察到所有其他蕉农的决策，蕉农个体所处的社会网络不是无限扩张的，局部社会网络中的蕉农选择对个体决策存在重要影响。蕉农的局部遵同在经济分析上也是合理的：第一，后期跟随者可以充分利用早期新品种种植户的经验或其他资源，缩短学习曲线时间，快速获得收益；第二，后期跟随者选择种植相同抗病品种，等同于在同一地区扩大该品种种植规模，非常有利于在收获期与收购商的合作，收购商不必搜寻和甄别不同品种的香蕉，减少了不必要的交易费用。

二、模型构建

谢林模型用最简洁的个体决策规则，推导出宏观上涌现的社区居民隔离现象，表明宏观秩序并非个体理性的设计，而是无整体导向的自组织演化过程。（Schelling，1969；1971）有限知识的蕉农在新品种采纳决策上的不确定性和局部遵同度特征，恰好能通过谢林模型得到表达。为适应本研究情境，对谢林模型进行了两处修正：第一，用蕉农的"焦虑"状态变量替代原有模型的"快乐"状态变量，用"差异容忍度"替代原有模型的快乐"阈值"。有限知识的蕉农在遭遇病害后首先考虑随机决策，同时也会考虑周边农户种植的新品种，每个蕉农只能承受一定限度内跟周围其他蕉农的选择不同，即差异容忍度，如果周围蕉农的决策比例超过这一阈值，蕉农将产生"焦虑"情绪，将转向跟随周围多数蕉农的新品种选择，此时，局部遵同效应发挥作用。第二，蕉农的分布随机散落在居住地，蕉农之间的物理距离是不确定的，以此替代原有模型中基于固定网格等距相邻的居民，如此更加贴近真实世界。

市场上种苗零售主要有 BD 和 NTH 两个抗病新品种。根据上述思想，当蕉农 i 种植的传统品种感染枯萎病，则蕉农 i 的新品种采纳决策 d_i 表达为：

$$d_i = \begin{cases} \text{random（BD，NTH）} & \gamma_i = 0 \\ D_{\text{maj}}^i & \gamma_i = 1 \end{cases} \qquad \text{（式 5-1）}$$

其中，γ_i 为蕉农 i 的焦虑状态值，D_{maj}^i 为蕉农 i 所处社会网络中

大多数蕉农的选择①，random（BD，NTH）表示蕉农将从 BD 和
NTH 两个抗病品种中随机选择一个。当蕉农 i 不存在焦虑感（$\gamma_i =$
0）时，蕉农会随机选择两个抗病品种之一，这在病害发生的早期较
为常见。当蕉农 i 因为周围其他农户选择不同而产生焦虑感（$\gamma_i = 1$）
时，他将跟随其社会网络中多数蕉农的选择，主要发生在抗病品种
扩散的中后期。蕉农 i 的焦虑值 $\gamma_i = F（\beta_i, \omega_i）$，是关于 β_i 和 ω_i 的函
数，表达式如下：

$$\gamma_i = \begin{cases} 0 & \beta_i \geqslant \omega_i \\ 1 & \beta_i < \omega_i \end{cases} \qquad （式 5-2）$$

其中，β_i 为蕉农 i 的差异容忍度，如果蕉农 i 的局部遵同度为 α_i，
显然，蕉农 i 的差异容忍度 β_i 则为 $(1-\alpha_i)$。ω_i 表示第 i 个蕉农所处的
社会网络中蕉农采纳其他新品种的比例，表达式如下：

$$\omega_i = \frac{\sum_{j=0}^{m} d_j}{m_i} \qquad （式 5-3）$$

其中，d_j 表示蕉农 i 的社会网络中第 j 个蕉农的决策，当选择相
同时为 0，选择不同时为 1。m_i 表示蕉农 i 在个人社会网络中产生互
动的其他蕉农数量，$m_i = F(\varphi)$，即蕉农 i 只与距离为 φ 的其他周围
蕉农进行互动，可视为蕉农 i 的社会网络地理范围，蕉农 i 将主要参
考社会网络中其他蕉农的决策。

① 这里仅指同样遭遇枯萎病的其他蕉农在两个新品种之间的选择，那些种植传统品种且未
发生枯萎病的蕉农将继续种植传统品种，遭受病害的蕉农不会考虑继续种植传统品种。

第二节　数据来源与模型校准

一、方法与数据

本研究采取基于主体建模方法（ABM）对作物病害危机下蕉农新品种采纳决策行为进行模拟，考察宏观上新品种扩散的过程及其呈现的现象规律。ABM 方法遵从自下而上的建模思想，注重个体之间的互动规则，容许研究者从个体决策视角研究整体性的宏观秩序及其变化过程。在微观上，有限知识的蕉农面临抗病新品种的采纳决策时，呈现"随机决策"和"局部遵同"特征，后者即是基于蕉农社会网络的互动。在宏观上，抗病新品种在蕉农群体中的扩散是一个动态过程。ABM 方法能够满足病害危机情境下蕉农决策建模的需要，且能对宏观动态过程进行考察。

从 ABM 建模思想出发，将蕉农作为 ABM 仿真的主体，且蕉农决策可分为两阶段，首先是种植传统品种是否遭受枯萎病病害，其次是遭受病害后做出何种决策。根据实际研究情景确立蕉农采纳新品种的仿真流程（见图5-1）。由于传统品种市场供应链比较成熟，且蕉农具备相对充分的种植经验知识，蕉农在自家种植土地未遭受病害时仍倾向于种植传统品种[①]。枯萎病爆发对蕉农种植传统品种的原有秩序产生冲击，蕉农种植的传统品种遭受枯萎病的概率是∂(t)。蕉农一旦发现遭受病害，则考虑采纳新的抗病品种，此时受到

---

① 调研发现，蕉农对传统品种评价非常高，且果实市场美誉度较高，除去病害因素，蕉农钟爱传统品种。

"随机决策"和"局部遵同"两种力量的影响①。

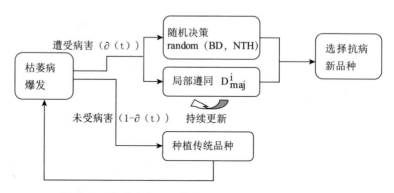

图 5-1　枯萎病危机下蕉农新品种选择行为仿真流程

课题组选取海南省澄迈县作为调研点，并于 2017 年 12 月至
2018 年 1 月实施调研，调研对象主要为澄迈县的 HSH、QT、JJ、
LCH 等 4 个镇的香蕉种植农户。澄迈县是海南省香蕉种植的主要种
植区，2017 年澄迈县香蕉总产量达到 25.2 万吨，占海南省香蕉总产
量的 20%②，而澄迈县的香蕉种植又集中在上述 4 个镇。调研实施分
为两个阶段：第一阶段选取 FSH 镇为预调研点，基于预调研问卷访
谈当地农户和村落管理者，并根据调研情况修改问卷内容；第二阶
段选择调研区域集中展开正式问卷调查，调研员与受访者"面对面，
一对一"现场填写问卷。课题组收集问卷 245 份，最终获得有效问
卷 210 份，有效率约 86%。2017 年，澄迈县 5 个镇样本蕉农的品种
种植分布情况见表 5-1，种植传统品种的蕉农仍占 22%，选择种植
NTH 和 BD 抗病新品种的农户分别占 49%、29%。

表 5-1　2017 年澄迈县样本蕉农种植品种情况

调研镇	传统品种	NTH 品种	BD 品种	总计户数
HSH	11	32	36	79
QT	4	12	8	24
JJ	19	50	17	86
LCH	12	9	0	21
总计户数	46（22%）	103（49%）	61（29%）	210

二、模型校准

经修正后的谢林模型作为蕉农遭受枯萎病病害危机下新品种采纳决策模型，根据研究情境的仿真流程（图 5-1），以蕉农为仿真建模的主体，采用 Netlogo 平台搭建 210 户蕉农遭遇枯萎病病害情境下种植决策的动态变化过程。最终，仿真模型主要有枯萎病年发生率 ∂、蕉农社会网络互动距离 φ、蕉农的差异容忍度 β 等 3 个参数变量，可通过回归分析（Regression Analysis，RA）和场景模拟法（Method of Simulated Moments，MSM）两种估计方法对各参数变量进行校准（表 5-2）。

表 5-2　模型参数与估计方法

模型参数	定义	取值范围	估计方法
∂	枯萎病年发生率	（0，1）	RA
φ	蕉农社会网络的互动距离	（0，25）	MSM
β	蕉农的差异容忍度	（0，1）	MSM

（一）枯萎病年发生率 $\partial(t)$

在未发生作物病害之前，蕉农均种植传统品种，发生之后蕉农开始采用抗病新品种。通过调研获得每个样本蕉农采纳新品种的起始年，以此推断每年遭受枯萎病病害的蕉农数量，可得到遭受病害的新增农户数量随时间变化的趋势。基于该数据可以采用线性、对数、多项式等多类回归模型对枯萎病年发生率函数∂（t）进行估计，通过估计结果对比发现，多项式回归模型的拟合度能达到 0.98 以上，拟合效果最优[①]（图 5-2）。因此，选择多项式回归模型的估计结果来表达本地枯萎病年发生率，即：

$$\partial\ (t) = -0.0007\ t^4 + 0.0124\ t^3 - 0.0642\ t^2 + 0.1282t - 0.0774$$

（式 5-4）

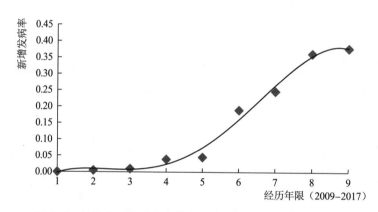

图 5-2　枯萎病病害发生率的多项式回归估计（$R^2 = 0.9879$）

（二）互动距离 φ 与差异容忍度 β

根据 MSM 方法，在不同参数的取值范围内，对参数的每一组可能取值进行模拟运行，把第 k 个参数组合下第 i 次运行给定场景时刻的模拟结果记为向量 $m^k_{sim,i}m_{sim,i}$，把该场景的实际数据记为 m_{emp}。当模拟值向量和实际值向量满足拟合差异度方程取得最小值时，可得到模型最优参数估计（Banerjee et al.，2013）。本研究的仿真模型涉及蕉农对新品种的随机选择行为，不宜采用各场景多次模拟的平均

---

① 线性回归模型拟合度 R^2 为 0.8851；对数回归模型拟合度 R^2 为 0.6646。

值来进行计算。[①] 因此，在使用 MSM 方法进行估计时，对拟合差异度方程进行改进，仍然针对同一组参数值进行多次模拟，但每次模拟得到的场景值都进行拟合差异度检验，确立最优单次拟合效果下的参数值组合解。第 K 个参数组合下场景拟合差异度方程表示为：

$$D = \text{argmin} \left(m_{sim,\ i}^{k} - m_{emp} \right)' \left(m_{sim,\ i}^{k} - m_{emp} \right) \qquad (式 5\text{-}5)$$

MSM 场景设置充分利用调研数据，选取 2009—2017 年蕉农分别采纳抗病新品种 BD 和 NTH 的比例，通过 9 年来两个新品种采纳情况模拟下的最小拟合差异度，得到全局最优解。枯萎病年发生率 ∂（t）函数已确立，将上述式 5-4 代入仿真模型。蕉农社会网络互动距离 φ 与差异容忍度 β 的每对参数组合模拟运行 100 次，运行周期限制为 9 年，通过模拟结果的拟合差异度检验，得到拟合效果最优的参数组合：

$$D^* \left(\varphi = 8；\ \beta = 0.7 \right) = 0.0039 \qquad (式 5\text{-}6)$$

模型拟合结果显示：第一，蕉农社会网络互动距离为 8，表明蕉农之间的互动范围是相对较广的，或者说蕉农互动是相对频繁的。在研究设定的 Netlogo"世界（world）"虚拟环境中，以任意蕉农为中心，该蕉农主要跟距离自身 8 单位的其他农户进行互动，构成该蕉农的社会网络。互动距离越大，蕉农受到其他农户决策影响就越大。第二，蕉农的差异容忍度为 70%，表明蕉农在选择抗病新品种时相对能够承受一定程度的决策差异。由此，可以反推蕉农对社会网络其他蕉农的选择跟随程度是 30%，即将以此概率服从社会网络中大多数人的抗病品种采纳决策。

模型关键参数通过回归估计和模拟计算得到了校准，基于修正

---

① 多次模拟值的平均处理之后，模型结果失去了对蕉农随机选择行为的观察的可能，不能真实反映模型拟合的效果。

后的谢林模型所构建的作物病害危机下蕉农新品种采纳决策模型对
蕉农实际采纳情况的拟合效果见图 5-3。模型近乎完美模拟出蕉农
对 BD 和 NTH 的采纳过程，显示出对现实情况有很强的解释力，也
说明本章所提出的作物病害危机下农户决策理论得到了现实支持。

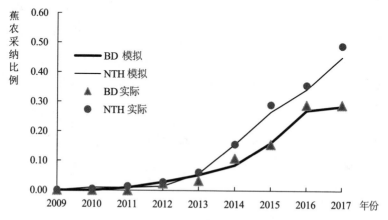

图 5-3　模型对蕉农 BD 和 NTH 抗病新品种的采纳情况的拟合效果

第三节　仿真结果与分析

为研究作物病害危机下农户面对多个新品种的采纳决策及新品
种扩散所呈现的规律，本章根据校准后的仿真模型设计相应的实验
做比较分析，对微观个体蕉农的采纳决策以及两个新品种在蕉农群
体中的扩散秩序做进一步考察。

一、"优先接触"效应

如前所述，枯萎病病害危机下，长期种植传统品种的蕉农缺乏

完备的知识对抗病新品种进行有效甄别，而作物病害迫使蕉农不得不改变种植品种，在预期收益不确定性下做出随机采纳决策。既然在病害初期蕉农多是随机决策，却在实际现象中观察到两个新品种在蕉农中的扩散呈现差异，即选择种植 NTH 新品种的蕉农数量多于 BD 新品种的蕉农数量。这一有趣现象也被仿真模型很好地模拟出来①。鉴于此，此部分将基于上述校准后的模型寻找这一现象的微观基础，即少数蕉农（尤其在病害发生初期）的新品种采纳决策是否会对不同新品种的扩散进程存在影响。

在病害发生初期，最先遭受枯萎病的少数蕉农采纳新品种行为最接近于随机决策状态。根据枯萎病病害发生率函数测算，在初期遭受枯萎病的蕉农是很少的，选取最先遭受作物病害的两个蕉农作为研究对象，考察最初少数蕉农的选择对两个抗病新品种扩散的影响。由此，可产生三种不同的采纳情形，即"BD-BD""BD-NTH""NTH-NTH"，分别表征最先两个农户均采纳 BD 品种、采纳两个不同品种、均采纳了 NTH 品种等情形。为确保数据可靠性，仿真模型运行获得每种情形下各 1000 次两个新品种的最终扩散数据②，模型运行周期不再做限制，直到所有蕉农的采纳决策稳定下来即视为收敛。然后，基于数据采用方差分析方法分析三种不同情形下最终两个蕉农采纳新品种的比例是否存在差异，结果见表 5-3。

---

① 实际上模型中并未假设两个抗病新品种可能存在的选择差异以及这种差异对两个新品种扩散的影响，后文将对此做讨论。

② 实质上模型运行超过 3000 次，因为最初蕉农的新品种选择是随机性的，需要通过大量运行获得三类情形下的模拟数据。

表5-3　不同最先采纳决策情形下新品种扩散差异分析

	平方和	自由度	均方	F	显著性
组间	1.964	2	0.982	38.717	0.000
组内	76.010	2997	0.025		
总数	77.974	2999			

结果显示，最先遭受枯萎病并做出采纳决策的蕉农虽然是随机的选择，但却显著影响了两个抗病新品种在蕉农群体中的最终扩散结果。这一现象值得注意，意味着在作物病害危机下有限知识农户困惑于多个新品种之间的选择，其新品种采纳决策不仅会影响个体的收益，也将对新品种推广的整个市场格局产生深远影响。这称之为"优先接触"效应，即最先被农户采纳的新品种可能在后期的推广过程中也一直占有优势。

以BD品种的采纳数据为例①，采用LSD方法多重比较三种情形之间的具体差异，两两比较均存在显著差异（表5-4）。两个最先采纳者全部选择BD新品种相对其他两组会显著提升BD新品种在蕉农群体中的最终采纳比例。相反，最先采纳者均采纳NTH新品种情况下，BD新品种在蕉农群体中的扩散受到显著负面影响，也意味着NTH新品种的采纳比例将显著高于其他两组。澄迈县的实际调研数据也支持这一研究结果。从蕉农实际采纳情况看（图5-3），最先是NTH抗病品种被当地蕉农采纳，经历9年时间，NTH品种在蕉农群体中的扩散仍明显占优，且趋势进一步扩大。

---

① 由于作物病害侵袭，新品种扩散模拟最终收敛于两个新品种在农户群体中的分布，没有农户再采用传统品种，因此两个新品种的采纳比例相加为1，用任意一个新品种为例进行分析即可。

表 5-4　不同最先采纳决策情形的多重比较（BD 最终采纳比例）

（I）组别	（J）组别	均值差（I-J）	标准误	显著性	95%置信区间	
					下限	上限
BD-BD	BD-NTH	0.030*	0.007	0.000	0.017	0.044
	NTH-NTH	0.064*	0.007	0.000	0.050	0.079
BD-NTH	BD-BD	-0.030*	0.007	0.000	-0.044	-0.017
	NTH-NTH	0.034*	0.007	0.000	0.020	0.048
NTH-NTH	BD-BD	-0.064*	0.007	0.000	-0.079	-0.050
	BD-NTH	-0.034*	0.007	0.000	-0.048	-0.020

注：* 表示均值差的显著性水平为 0.05。

　　为确保方差分析使用在统计学意义上的正当性，实验数据首先通过 R 软件 Q-Q 图法进行正态分布检验，所有数据均落在 95%置信区间；其次检验不同组别数据的方差齐性，显著性为 0.973，即接受方差齐性假设；最后，所有实验数据均是单次独立模型运行得到新品种扩散比例数据，可视为相互独立。因此，方差分析使用合理，研究结果可靠。

二、"隔离" 秩序涌现及其原因

　　基于 Netlogo 平台仿真模拟的可视化为考察两个抗病新品种在蕉农群体中的扩散秩序提供了可能。上述大量模拟实验发现，尽管最终两个新品种在蕉农群体中的扩散结果在不同情形存在显著差异，但在区域上均呈现出不同程度的"隔离"秩序（图 5-4）。由于存在"优先接触"效应，有的情形是蕉农最终采纳 NTH 品种多于 BD 品种，有的情形则相反。但在两种不同情形下，蕉农群体在抗病新品种选择上均表现为区域上的"隔离"现象。然而，两种新品种扩散的宏观秩序并非是个体决策有意识的追求，跟谢林所研究的种族隔离现象异曲同工。但是，谢林并未进一步研究如何才能打破这种秩序？要回答此问题必须探讨秩序背后的形成机制。

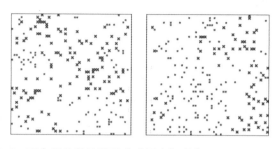

图5-4　两个新品种扩散形成"隔离"现象（φ=8；β=0.70）

注：X 为采纳 BD 的蕉农；　为采纳 NTH 的蕉农；下同。

蕉农基于社会网络的互动是解释扩散"隔离"现象的关键，主要涉及蕉农的互动距离和差异容忍度两个方面。事实上，传统经济学对个体之间的互动考虑不足，作物病害危机下有限知识农户所表现的"局部遵同"即是考虑了农户之间的互动以及互动规则。从这个意义上说，有限知识研究假设为研究农户决策行为拓展了理论边界，且采用主体建模方法为考察不同情形下蕉农之间的互动行为提供了机会。通过调整模型的蕉农互动距离和差异容忍度两个参数，可以仿真模拟不同参数下蕉农互动，以及由此导致的两个新品种扩散的差异，从而探讨扩散"隔离"现象的规律。

（一）互动距离

保持原模型蕉农差异容忍度 β 不变，逐步增加蕉农社会网络的互动距离，通过仿真实验观察两个新品种在蕉农群体中的扩散结果差异。仿真结果表明（图5-5），随着蕉农之间的互动距离增加，每个蕉农的社会网络边界扩张，意味着蕉农将会与更大范围内的蕉农存在互动，蕉农新品种采纳决策受到更多"干扰"，导致蕉农新品种的选择越来越在整体上趋于一致。最终哪个新品种在蕉农群体中的扩散结果占优，取决于作物病害发生最初蕉农的"优先接触"选择。①

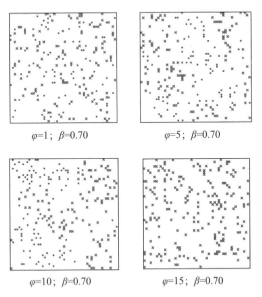

$\varphi=1;\ \beta=0.70$　　　　　　$\varphi=5;\ \beta=0.70$

$\varphi=10;\ \beta=0.70$　　　　　$\varphi=15;\ \beta=0.70$

图 5-5　不同蕉农互动距离下的新品种扩散结果比较

　　蕉农互动距离决定了蕉农社会网络的范围。当蕉农互动距离非常小时，意味着蕉农之间几乎不受彼此采纳决策的影响，两个新品种扩散收敛的结果呈现杂乱无序的状态，并未构成扩散"隔离"秩序；当蕉农互动距离扩大时，两个新品种扩散形成的"隔离"秩序越来越明显；但当蕉农互动距离扩大到一定程度后，极端情况是所有蕉农之间均有互动，社会网络包络所有的蕉农个体，最终所有蕉农以极高概率趋向于选择种植相同的抗病新品种，扩散"隔离"秩序突然消失。因此，蕉农互动距离影响了两个品种扩散的"隔离"秩序，且这种影响是非线性的。

---

　　① 图 5-5 显示 BD 品种在扩散中最终占优，是优先接触效应的作用，此处仅为示例。

（二）差异容忍度

同样地，保持原模型蕉农互动距离 φ 不变，逐步增加蕉农差异容忍度水平，仿真模拟不同差异容忍度下两个新品种在蕉农群体中扩散收敛的结果。仿真结果对比显示（图 5-6），蕉农的差异容忍度对新品种的扩散秩序存在影响，且影响的方式不同于蕉农的互动距离。当蕉农差异容忍度处于极小状态时（如 0.10），两个新品种在蕉农群体中的扩散是杂乱无序的，模型对蕉农的"焦虑"状态值进行了跟踪，几乎所有的蕉农均呈现焦虑状态，每个蕉农都倾向于更换新品种，以致新品种的扩散维持在不稳定状态；当蕉农差异容忍度增加到一定程度但又足够小时（如 0.30），蕉农对新品种的采纳决策以极高概率最终达成一致，未见有"隔离"秩序产生；直到蕉农差异容忍度增加到足够大时（如 0.60），"隔离"秩序涌现，但又随着差异容忍度进一步增加（如 0.90），两个新品种在蕉农群体中的扩散结果再次恢复到无序状态，跟差异容忍度较小时产生的无序状态不同，蕉农并不存在焦虑状态，蕉农的采纳决策趋于稳定。

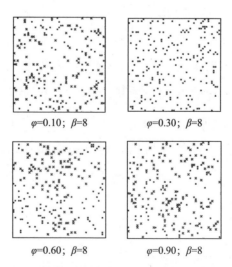

$\varphi=0.10;\ \beta=8$ $\varphi=0.30;\ \beta=8$

$\varphi=0.60;\ \beta=8$ $\varphi=0.90;\ \beta=8$

图 5-6　不同蕉农差异容忍度下的新品种扩散结果比较

综上，扩散的"优先接触"效应在蕉农社会网络互动的作用下得到放大，两个新品种在蕉农群体中的扩散构成"隔离"秩序，表现为不同区域蕉农采纳占优的新品种不同。"隔离"秩序的形成受到蕉农互动距离和蕉农差异容忍度两个因素影响。两个因素的影响方式均是非线性的，具体表现为：第一，"隔离"秩序随蕉农互动距离的增大，先加强后突然消失；第二，随着蕉农差异容忍度的增加，"隔离"秩序逐渐显现并加强，而后消失，此时蕉农差异容忍度较高，主要依靠自主决策。

三、两个新品种选择无差异

本研究构建仿真模型时隐含地假设两个抗病新品种对蕉农来说在选择上无差异，且新品种抗病性绝对优于传统品种，有必要讨论两个新品种存在差异情形下蕉农的采纳决策变化。例如，考虑两个新品种在抗病性上表现有差异，其中一个新品种的抗病性显著优于另一个品种，那么，在枯萎病爆发的初期，有限知识蕉农可能仍然保持不确定性下的随机采纳决策，但通过种植实践的"学习"，抗病性显著较差的新品种势必会被蕉农放弃，视为蕉农决策的"试错"过程。基于上述思想对仿真模型稍作修改，考虑新品种也存在感染枯萎病的风险，反复模拟两个抗病新品种存在抗病性差异下的蕉农新品种采纳决策。结果显示，尽管蕉农在遭遇作物病害初期可能"犯错"，但会最终选择抗病性占优的新品种，两个新品种在蕉农群体中的扩散总是收敛于占优新品种覆盖所有蕉农，群体选择趋向高度一致。

在抗病新品种对蕉农来说存在选择差异时，具有显著优势的新品种最终将获得蕉农们的青睐，占据整个种苗推广市场。澄迈县蕉农的实际调查表明，两个抗病新品种在澄迈县的推广已经长达 9 年以上，但蕉农对两个新品种的看法不一。两个新品种均存在优缺点，如"BD 产量更高且抗病，但是种植周期延长""NTH 种植周期较短，但产量略低且不抗病"，两个品种均没有表现出显著优势，且在抗病性上，两个新品种"差不多"，在蕉农采纳决策上没有新品种占明显优势。因此，对蕉农来说 BD、NTH 两个新品种不存在选择差异的假设是合理的。此外值得注意的是，截至 2017 年底，仍有 53% 的蕉农在种植方式上按照传统品种对新品种进行种植，这不利于发挥新品种的抗病表现，蕉农的认知偏差可能导致错误决策。

第四节　实证证据：海南澄迈县案例

本小节利用澄迈县调研数据，构建传统计量模型对收集的蕉农数据进行处理，进一步为作物病害危机下蕉农采纳决策行为的理论分析基础提供证据支持。此部分沿用已有研究通常采用的 Logistic 回归模型，分析蕉农新品种采纳决策的影响因素。

样本数据包括户主特征（户主年龄、户主教育程度）、家庭禀赋（劳动力数量、种植面积、农业收入）、信息获得便利程度（到收购点距离、到村委会距离）、损失风险（病害损失程度）、知晓年限等相关变量，用以考察以往模型涉及的变量是否对蕉农新品种采纳决策产生显著影响，并引入蕉农社会网络采纳情况（社会网络 BD 采纳水平、社会网络 NTH 采纳水平）变量，检验蕉农在选择抗病新品种时是否存在"局部遵同"效应。样本数据的描述性统计分析见表5-5。

表 5-5　变量定义与描述性统计

变量名	定义	取值	均值	标准差
户主年龄	户主的年龄	年	47.80	11.079
户主教育程度	户主受教育程度	年	7.84	2.893
劳动力数量	受访家庭劳动力数量	人	3.29	1.873
种植面积	香蕉种植面积	亩	14.14	28.755
农业收入	2017 年家庭农业收入（取对数）	元	11.30	1.101
到收购点距离	受访家庭居住地到香蕉收购点距离	公里	2.05	2.302
到村委会距离	受访家庭居住地到村委会距离	公里	1.23	1.069
知晓年限	受访家庭知晓抗病品种的年限	年	3.76	2.024
病害损失程度	曾经遭受枯萎病的损失程度	1~5（值越大损失越重）	4.49	1.018
社会网络 BD 采纳水平	周边亲朋友邻居采纳 BD 的多寡	1~5（值越大采纳越多）	2.80	1.671
社会网络 NTH 采纳水平	周边亲朋友邻居采纳 NTH 的多寡	1~5（值越大采纳越多）	3.36	1.632

模型分别以蕉农采纳 NTH 新品种（模型 1）和采纳 BD 新品种（模型 2）的决策为因变量。模型 1 中，当蕉农采纳 NTH 新品种时，因变量取值为 1，反之取值为 0；同样地，模型 2 中，蕉农采纳 BD 新品种时因变量取值为 1，反之为 0。两个模型的自变量均为表 5-5 中定义的变量，模型回归结果见表 5-6。

表 5-6　蕉农采纳两个抗病新品种的影响因素

变量	模型 1（NTH）		模型 2（BD）	
	系数	标准误	系数	标准误
户主年龄	0.022	0.016	-0.006	0.017
劳动力数量	-0.076	0.089	-0.002	0.103
户主教育程度	0.044	0.058	-0.003	0.062
种植面积	0.005	0.011	-0.011	0.020
农业收入	0.058	0.195	0.044	0.228
知晓年限	0.070	0.086	0.068	0.090
到收购点距离	-0.124	0.077	-0.179	0.117
到村委会距离	0.095	0.170	0.068	0.190
病害损失程度	0.275	0.170	0.104	0.205
社会网络 BD 采纳水平	-0.285***	0.108	0.710***	0.131
社会网络 NTH 采纳水平	0.646***	0.115	-0.475***	0.134
常数项	-4.597	2.392	-2.121*	2.812
-2 对数似然值	223.372***	191.411***		
Nagelkerke R 方	0.368	0.378		

注：*、*** 分别表示显著性水平为 0.10、0.01。

回归结果对本章所提出的基础性理论分析提供了有力支持，主要有两个方面的含义：

第一，在作物病害危机发生的情形下，仅具备有限知识的蕉农面对多个新品种的采纳决策不再受到传统模型所涉及因素的影响，从侧面印证有限知识的蕉农在不确定性下的随机决策特征。结果显示，无论是户主特征、家庭禀赋，还是损失风险、知晓年限，这些维度的因素对蕉农采纳 BD 品种或 NTH 品种均没有显著影响，尤其是知晓年限因素，尽管不少蕉农很早听说过抗病新品种，但长久以来对这些新品种的认知明显不足。调查发现，蕉农在枯萎病病害发生后，传统品种种植习惯难改，对两个新品种的认知均同等有限，加之两个新品种虽然都具有抗病性，但没有哪个品种占据显著优势，蕉农在两个新品种上的选择无差异，可能表现出随机采纳决策的倾向，因此并不受传统因素影响。

第二，蕉农在采纳抗病新品种时显著跟随社会网络其他蕉农的决策，即蕉农的采纳决策存在局部遵同效应。两个模型中，蕉农采纳决策均在统计意义上显著受到其社会网络采纳决策的影响，且表现为周边亲朋邻居采纳 NTH（或 BD）品种的越多，蕉农则越倾向于采纳 NTH（或 BD）品种，即越不倾向于采纳 BD（或 NTH）品种。蕉农在随机采纳决策时，显著受到社会网络中其他蕉农决策的影响，呈现局部遵同效应，也是两个新品种最终形成"隔离"扩散秩序的重要推动力量。

第五节　小　结

农户作为生产主体始终是农业技术革新的推动者，其采纳决策行为直接影响农业技术转化为实际生产力的可能性。虽然小农决策理论的"理性小农"和"生存小农"两个思想传统相互对抗，但均表明小农的知识或经验在生产决策中起到重要作用，小家决策行为必须放置在具体研究情境下研究才具有意义。作物病害危机下，农户对不同抗病新品种的认知非常有限，不具有做出理性决策所需要的完备知识，即难以满足"理性小农"假设，且农户在选择不同抗病品种时还可能因为有限的知识而决策错误，市场允许这种"试错"过程，因而不满足"生存小农"假设。新的有限知识假设拓宽了小农决策行为研究的理论边界，更加贴近本章的研究情境。有限知识的蕉农在新品种采纳决策中表现出不确定性下的随机决策和局部遵同效应，根据该理论构想修正了谢林模型，以契合蕉农新品种采纳决策的实际，并采用 ABM 方法构建了作物病害危机下蕉农新品种采纳决策的仿真模型。利用海南澄迈县蕉农的调研数据，仿真模型很好地拟合了蕉农采纳两个新品种的实际情形，表明模型具有合理性，传统计量模型的实证结果也进一步佐证了本章主要的理论观点。

研究主要有三个重要发现：第一，作物病害危机下，抗病新品种在农户群体中的扩散结果表现出"优先接触"效应。作物病害发生的初期最先被农户采纳的抗病品种，后期在多个新品种的扩散过程中将占据优势地位。第二，不同抗病新品种在农户群体中的扩散收敛于一定程度的区域"隔离"秩序，农户社会网络的互动距离和农户差异容忍度是产生该现象的影响因素，且这种影响是非线性的。第三，在多个新品种相互竞争的市场上，只要有一个品种占优明显优势，多个新品种在农户群体中的扩散将收敛于该优势品种覆盖所有农户的局面。

研究结论对新品种推广有以下可能的策略启示：首先，在推广新品种时，尤其在作物病害发生时应关注农户知识需求，推动科技知识下乡，有针对性地对农户进行指导和培训。其次，利用"优先接触"效应，企业、种苗零售商等品种推广主体应在作物病害早期第一时间向农户推广新品种，占领市场先机。再次，加强农户之间的组织化程度，扩大农户之间的互动范围，强化群体影响力，有助于提升新品种推广的扩散效率。最后，要想最终占领市场，推广主体需要增加研发投入，或跟科研机构密切合作，努力改进新品种性状，打造新品种的核心竞争力。

第六章　主要结论与研究展望

第一节　主要结论

在过去四十年的改革开放进程中，中国经济总量增速惊人，并于2010年超越日本跃升为世界第二大经济体。在此期间，农业新品种新技术的推广取得了举世瞩目的成绩，即逐步解决了中国十多亿国民的温饱问题，但中国农业发展是相对缓慢的，农业税的取消、农业补贴的增加等一系列政策表明中国农业产业仍然是弱质产业，而与此同时，中国居民消费逐渐从量向质的需求转变，中国农业发展势必要尽快升级转型，农业创新是农业产业发展的主要驱动力量。由于农业研发投入周期长、投资回报具有不确定性，市场中的农业企业研发投入不足，科研院所、高校的农业研发成果向生产实践的转化率不高。长期以来，中国农业生产主体仍然以小农为主体，这也是非洲、亚洲其他发展中国家农业产业的共同点。小农社会在漫长的生产实践过程中逐渐构建了本地化的生产惯例、习俗、文化，这种社会化的"软"约束往往被经济学者忽视。社会规范就是小农在群体中日积月累的互动形成的共享信念，可能对小农生产决策产生"惯性"影响，从而阻碍农业创新在小农群体中的推广。如要能够突破原有生产传统的约束，就必须要从小农基于社会网络的互动入手。

实际上，成功的农业创新扩散都遵循"S"型曲线的定律，即农业创新的采纳者数量会随着时间周期先缓慢上升，到某临界点后迅猛增加后达到最高点趋于稳定。这一现象难以用简单的经济学分析来解释，而必须将农业创新扩散作为"过程"来研究。本书从演化经济学出发，提出基于小农个体的有限知识假设来构建农户创新采纳模型，采用基于主体建模的仿真手段，研究农户在农业创新扩散过程中的互动行为，以及这些互动如何反过来影响农业创新扩散的进程，同时在作物病害危机的极端条件下，研究多个农业新品种在农户群体中的扩散呈现何种规律。

本书主要可以凝练为以下三个方面的结论：

第一，农业创新在小农群体当中的扩散需要重视影响小农采纳决策的非经济因素，社会规范作为小农社会互动的产物对其采纳决策存在深刻影响。农业技术进步必须跟本地的农业文化传统相适应，社会规范是小农群体共享的非正式规则、习俗或信念，可能对农业创新的扩散进程产生阻碍。当然，社会规范也并非一成不变，而是会随着群体观念的逐渐转变得到演化，农业创新在生产实践中的扩散过程也伴随着关于生产决策的社会规范的演进过程。在初期，小农群体原有的社会规范可能对农业创新的扩散存在负面影响，随着时间推移，原有的社会规范瓦解，新的社会规范的形成会推动农业创新在小农群体的快速扩散。因此，小农的社会规范对农业创新扩散过程的影响是双面的，关键在于社会规范能否在创新推广过程中跟农业技术进步协同演化。在农业技术推广和境外农业技术援助的实践中，除了考虑农业技术的经济效率以外，还应充分考虑小农本地化的有限知识和原有的生产传统，利用农户间的互动学习，推动小农群体认知的转变，从而提升农业创新在小农群体中的扩散效率。

第二，小农社会网络是农业创新扩散的重要载体，农户在社会网络中的位置会影响其接收新技术信息的概率，进而影响农户创新采纳决策和创新扩散的效率。在农业创新推广过程中，应重视初期农户培训对象的选择和新技术的试验示范对象选择，考虑传播源头农户所在小农群体的社会网络特征，他们关于农业创新的采纳决策将可能影响创新扩散的整体进程。同时，如何有效地推动农业创新扩散还应关注创新在农户群体中扩散时的临界规模特征，它的爆发实质是农户社会网络互动的结果，临界规模到来的早晚在很大程度上决定了农业创新扩散的速率。因此，农户的社会网络特征和基于社会网络的互动是突破原有生产传统的关键，科学制定农业创新推广策略能够让农业新技术新品种更快地融入当地农户的社会网络，提升农业创新扩散的效率。

第三，在作物病害危机下，有限知识小农的决策呈现不确定性与局部遵同效应，在此情境下，多个新品种在农户群体中的扩散呈现"优先接触"效应以及明显的"隔离"秩序，该秩序的产生主要源于小农在社会网络中的互动紧密程度和差异容忍度，一定程度上呼应了社会规范对农业创新扩散的影响。农户关于多个新品种感知无差异，也是形成扩散"隔离"秩序的前提，如果某一新品种存在明显优点时，在实际扩散过程中最终会形成独占市场的优势，相对差的新品种会退出市场。因此，在作物病害危机爆发时，农业创新的推广更应注意小农有限知识带来的决策特点，推广主体应抢占先机，并有针对性地对农户进行引导和示范，确立新品种的扩散优势。

第二节　研究展望

　　本书在演化经济学领域和小农决策研究方面做出一次突破性尝试，提出新的基于有限知识的研究范式，并在范式的可操作性上寻找到适合的方法，即基于主体的仿真建模方法。本书倡导在研究个体决策与群体行为演化时可以考虑做出三个方面的替代：第一，用有限知识假设替代理性假设。有限知识假设并不是对新古典经济学"理性"假设的否定，而是对"理性"假设的松弛，为个体偏好变化以及决策演化的行为解释提供了更宽容的理论框架基础。有限知识是个体异质性的基础，也是个体"学习"的前提，社会网络是个体学习互动的载体，社会规范作为社会互动的"沉淀"反过来可能对个体决策产生影响。第二，用过程分析替代均衡分析。经济行为的分析在现实当中往往难以满足均衡分析的前提假设，现实中的经济"均衡"在哪里，以及这些"均衡"又是如何被打破，又跃迁到另一层次的"均衡"，在新古典经济学的研究框架里是无法探讨的。奥地利经济学认为市场是一种"过程"，过程分析可能比均衡分析更加重要，且更加生动地贴近现实。农业创新扩散本身就是多个个体连续跨期决策的过程，如果只做均衡分析，农业创新扩散的"黑箱"永远打不开。如何从方法上对经济"过程"进行分析呢，基于主体的仿真建模方法提供了一种可行的思想和研究的可操作性，这也得益于计算社会科学的新进发展。第三，用更优解替代最优解。有限知识个体是难以对所有情况下的成本收益做出精确计算的，尽管在某些极端情境下（如作物病害危机初期，对多个新品种基本不了解），小农户会做出不确定下的随机决策，但在后续决策中会做出持续的调整，小农的知识也在不断的学习中得到更新，小农会在新的知识水平下做出更优的决策，而不一定是最优的决策。

在新古典经济学仍然占据主导地位的今天，本书的研究是对以上新思想的初步探索，尚存在较多不成熟的地方。今后的研究可从以下几个方面进一步展开：第一，打破学科界限，融合心理学、脑科学、生物学、计算机仿真等学科领域的新进发展，研究有限知识假设下个体的"学习"行为和选择决策模式，更加注重对现实经济"过程"的解释；第二，进一步改进跟演化经济学思想相适应的研究方法，关于经济行为过程的演绎，将计算机仿真方法与实证融合是还需要努力的方向，困难仍在于农户社会网络与跨期决策现实数据的获得；第三，本书主要研究的对象是小农，发展中国家的小农决策跟西方大农场管理决策是存在显著差异的，研究者需要区分两者的特征差异。随着农业产业化发展，研究对象和研究背景也会发生变化，如何从小农决策的研究思想过渡到大农场管理决策的研究需要进一步探索。

参考文献

[1] ABADI N, GEBREHIWOT K, TECHANE A, et al. Links between Biogas Technology Adoption and Health Status of Households in Rural Tigray, Northern Ethiopia [J]. Energy Policy, 2017, 101: 284-292.

[2] ABATE G T, et al. Rural Finance and Agricultural Technology Adoption in Ethiopia: Does the Institutional Design of Lending Organizations Matter? [J]. World Development, 2016, 84: 235-253.

[3] ABAY A K, et al. Locus of Control and Technology Adoption in Developing Country Agriculture: Evidence from Ethiopia [J]. Journal of Economic Behavior & Organization, 2017, 143: 98-115.

[4] ABDULAI A, et al. Bakang, Adoption of Safer Irrigation Technologies and Cropping Patterns: Evidence from Southern Ghana [J]. Ecological Economics, 2011, 70 (7): 1415-1423.

[5] ABEBAW D, Haile M G. The Impact of Cooperatives on Agricultural Technology Adoption: Empirical Evidence from Ethiopia [J]. Food Policy, 2013, 38 (2): 82-91.

[6] ADAMON N. Technology Adoption and Risk Exposure among Smallholder Farmers: Panel Data Evidence from Tanzania and Uganda [J]. World Development, 2018, 105: 299-309.

[7] ADNAN N, et al. Adoption of Green Fertilizer Technology among Paddy Farmers: A Possible Solution for Malaysian Food Security

［J］. Land Use Policy, 2017, 63： 38-52.

［8］ ADNAN N, NORDIN S M, ALI M. A Solution for the Sunset Industry： Adoption of Green Fertiliser Technology amongst Malaysian Paddy Farmers ［J］. Land Use Policy, 2018, 79： 575-584.

［9］ ADNAN N, NORDIN S M. Understanding and Facilitating Sustainable Agricultural Practice： A Comprehensive Analysis of Adoption Behaviour among Malaysian Paddy Farmers ［J］. Land Use Policy, 2017, 68： 372-382.

［10］ AKANKWASA K, ORTMANN G, WALE E, et al. Early-Stage Adoption of Improved Banana " Matooke" Hybrids in Uganda： A Count Data Analysis Based on Farmers' Perceptions ［J］. International Journal of Innovation & Technology Management, 2015, 13 (01).

［11］ AKLIN M, et al. Economics of Household Technology Adoption in Developing Countries： Evidence from Solar Technology Adoption in Rural India ［J］. Energy Economics, 2018, 72： 35-46.

［12］ AKLIN M, et al. Economics of Household Technology Adoption in Developing Countries： Evidence from Solar Technology Adoption in Rural India ［J］. Energy Economics, 2018, 72： 35-46.

［13］ ASFAW A, ADMASSIE A. The Role of Education on the Adoption of Chemical Fertiliser under Different Socioeconomic Environments in Ethiopia ［J］. Agricultural Economics, 2004 (30)： 215-228.

［14］ ASHOORI D, et al. Challenges for Efficient Land Use in Rice Production of Northern Iran： The Use of Modern Cultivars among Small-scale Farmers ［J］. Land Use Policy, 2018, S76： 29-35.

［15］ AUBERT B A, SCHROEDER A, GRIMAUDO J. It as

Enabler of Sustainable Farming: An Empirical Analysis of Farmers' Adoption Decision of Precision Agriculture Technology [J]. Decision Support Systems, 2012, 54 (1): 510-520.

[16] BANDIERA O, RASUL I. Social Networks and the Adoption of New Technology in Northern Mozambique [J]. Economic Journal, 2006, 116 (514), 862-902.

[17] BANERJEE A, et al. The Diffusion of Microfinance [J] Science, 2013, 341 (6144): 363-363.

[18] BARHAM B L, et al. Receptiveness to Advice, Cognitive Ability, and Technology Adoption [J]. Journal of Economic Behavior & Organization, 2018, 149: 239-268.

[19] BARHAM L B, CHAVAS J, FITZ D, et al. The Roles of Risk and Ambiguity in Technology Adoption [J]. Journal of Economic Behavior & Organization, 2014 (97): 204-218.

[20] BARHAM L B, et al. Receptiveness to Advice, Cognitive Ability, and Technology Adoption [J]. Journal of Economic Behavior & Organization, 2018, 149: 239-268.

[21] BARHAM L B, et al. Risk, Learning, and Technology Adoption [J]. Agricultural Economics, 2015, 1 (46): 11-24.

[22] BARNES A P, et al. Exploring the Adoption of Precision Agricultural technologies: A Cross Regional Study of EU Farmers [J]. Land Use Policy, 2019, 80: 163-174.

[23] BUNCLARK L, et al. Understanding Farmers' Decisions on Adaptation to Climate Change: Exploring Adoption of Water Harvesting Technologies in Burkina Faso [J]. Global Environmental Change, 2018,

48: 243-254.

[24] CARTER M R, CHENG L, SARRIS A. Where and How Index Insurance Can Boost the Adoption of Improved Agricultural Technologies [J]. Journal of Development Economics, 2016, 118: 59-71.

[25] CHANNA H, et al. What Drives Smallholder Farmers' Willingness to Pay for a New Farm Technology? Evidence from an Experimental Auction in Kenya [J]. Food Policy, 2019.

[26] CHATZIMICHAEL K, GENIUS M, TZOUVELEKAS V. Informational Cascades and Technology Adoption: Evidence from Greek and German Organic Growers [J]. Food Policy, 2014M, 49: 186-195.

[27] COROMALDI M, PALLANTE G, SAVASTANO S. Adoption of Modern Varieties, Farmers' Welfare and Crop Biodiversity: Evidence from Uganda [J]. Ecological Economics, 2015, 119: 346-358.

[28] D'ANTONI M J, et al. Farmers' Perception of Precision Technology: The Case of Autosteer Adoption by Cotton Farmers [J]. Computers and Electronics in Agriculture, 2012, 87: 121-128.

[29] D'SOUZA A, MISHRA K A. Adoption and Abandonment of Partial Conservation Technologies in Developing Economies: The Case of South Asia [J]. Land Use Policy, 2018, 70: 212-223.

[30] DALEMANS F, B. MUYS B, MAERTENS M. Adoption Constraints for Small-scale Agroforestry-based Biofuel Systems in India [J]. Ecological Economics, 2019, 157: 27-39.

[31] DAMANIA R, BERG C, RUSS J, et al. Agricultural Technology Choice and Transport [J]. American Journal of Agricultural Economics, Working Paper, 2015: 7272.

[32] DIAGNE, DEMONT. Taking a New Look at Empirical Models of Adoption: Average Treatment Effect Estimation of Adoption Rates and Their Eeterminants [J]. Agricultural Economics, 2007, 37 (2-3): 201-210.

[33] DIMARA E, SKURAS D. Adoption of Agricultural Innovations as a Two-stage Partial Observability Process [J]. Agricultural Economics, 2003 (28): 187-196.

[34] EMERTON L, SNYDER K. Rethinking Sustainable Land Management Planning: Understanding the Social and Economic Drivers of Farmer Decision-making in Africa [J]. Land Use Policy, 2018, 79: 684-694.

[35] FOSTER A, ROSENZWEIG M. Learning by Doing and Learning from Others: Human Capital and Technical Change in Agriculture [J]. J Polit Econ, 1995 (103): 1176-1209.

[36] FRIEDMAN M. The Methodology of Positive Economics, Essays in Positive Economics [M]. Chicago, 1953: 3-34.

[37] GACHANGO F G, ANDERSEN L M, PEDERSEN S M. Adoption of Voluntary Water-pollution Reduction Technologies and Water Quality Perception among Danish Farmers [J]. Agricultural Water Management, 2015, 158: 235-244.

[38] GARGIULO J I, et al. Dairy Farmers with Larger Herd Sizes Adopt More Precision Dairy Technologies [J]. Journal of Dairy Science, 2018, 101 (6): 5466-5473.

[39] GARS J, WARD P S. Can Differences in Individual Learning Explain Patterns of Technology Adoption? Evidence on Heterogeneous

Learning Patterns and Hybrid Rice Adoption in Bihar, India [J]. World Development, 2019, 115: 178-189.

[40] GEBREMARIAM G, TESFAYE W. The Heterogeneous Effect of Shocks on Agricultural Innovations Adoption: Microeconometric Evidence from Rural Ethiopia [J]. Food Policy, 2018, 74: 154-161.

[41] GEBREZGABHER S A, et al. Factors Influencing Adoption of Manure Separation Technology in the Netherlands [J]. Journal of Environmental Management, 2015, 150: 1-8.

[42] GENIUS M, KOUNDOURI P, NAUGES C, et al. Information Transmission in Irrigation Technology Adoption and Diffusion: Social Learning, Extension Services, and Spatial Effects [J]. American Journal of Agricultural Economics, 2014, 96 (1): 328-344.

[43] GIGERENZER G, SELTEN R. Bounded Rationality: The Adaptive Toolbox [M]. MIT Press, 2002.

[44] GRABOWSKI P P, et al. Determinants of Adoption and Disadoption of Minimum Tillage by Cotton Farmers in Eastern Zambia [J]. Agriculture, Ecosystems & Environment, 2016, 231: 54-67.

[45] GRABOWSKI P, et al. Assessing Adoption Potential in a Risky Environment: The Case of Perennial Pigeonpea [J]. Agricultural Systems, 2019, 171: 89-99.

[46] GRÜBLER A. Time for a Change: On the Patterns of Diffusion of Innovation [J]. Daedalus, 1996, 125 (3): 19-42.

[47] HANSEN B G. Robotic Milking-farmer Experiences and Adoption Rate in Jaren, Norway [J]. Journal of Rural Studies, 2015, 41: 109-117.

[48] HARPER J K, et al. Programs to Promote Adoption of Conservation Tillage: A Serbian Case Study [J]. Land Use Policy, 2018, 78: 295-302.

[49] HAY R, PEARCE P. Technology Adoption by Rural Women in Queensland, Australia: Women Driving Technology from the Homestead for the Paddock [J]. Journal of Rural Studies, 2014, 36: 318-327.

[50] HE P, VERONESI M. Personality Traits and Renewable Energy Technology Adoption: A Policy Case Study from China [J]. Energy Policy, 2017, 107: 472-479.

[51] HE R, et al. The Role of Risk Preferences and Loss Aversion in Farmers' Energy-efficient Appliance Use Behavior [J]. Journal of Cleaner Production, 2019, 215: 305-314.

[52] HIGGINS V, et al. Ordering Adoption: Materiality, Knowledge and Farmer Engagement with Precision Agriculture Technologies [J]. Journal of Rural Studies, 2017, 55: 193-202.

[53] HOLDEN S T, et al. Can Lead Farmers Reveal the Adoption Potential of Conservation Agriculture? The Case of Malawi [J]. Land Use Policy, 2018, 76: 113-123.

[54] HUNECKE C, et al. Understanding the Role of Social Capital in Adoption Decisions: An Application to Irrigation Technology [J], Agricultural Systems, 2017, 153: 221-231.

[55] HUNECKE C, et al. Understanding the Role of Social Capital in Adoption Decisions: An Application to Irrigation Technology [J]. Agricultural Systems, 2017, 153: 221-231.

［56］HYLAND J J, et al. Factors Influencing Dairy Farmers' Adoption of Best Management Grazing Practices ［J］. Land Use Policy, 2018, 78: 562-571.

［57］HYLAND J J, et al. Factors Underlying Farmers' Intentions to Adopt Best Practices: The Case of Paddock Based Grazing systems ［J］. Agricultural Systems, 2018, 162: 97-106.

［58］JANSSEN E, SWINNEN J. Technology Adoption and Value Chains in Developing Countries: Evidence from Dairy in India ［J］. Food Policy, 2019, 83: 327-336.

［59］JI C, et al. Estimating Effects of Cooperative Membership on Farmers' Safe Production Behaviors: Evidence from Pig Sector in China ［J］. Food Policy, 2019, 83: 231-245.

［60］JOFFRE O M, POORTVLIET P M, KLERKX L. To Cluster or not to Cluster Farmers? Influences on Network Interactions, Risk Perceptions, and Adoption of Aquaculture Practices ［J］. Agricultural Systems, 2019, 173: 151-160.

［61］KABBIRI R, et al, Mobile Phone Adoption in Agri-food Sector: Are Farmers in Sub-Saharan Africa Connected? ［J］. Technological Forecasting and Social Change, 2018, 131: 253-261.

［62］KABUNGA N S, et al. Heterogeneous Information Exposure and Technology Adoption: the Case of Tissue Culture Bananas in Kenya ［J］. Agricultural Economics, 2012 (43): 473-485.

［63］KARAPANDZIN J, CARACCIOLO F. Factors Affecting Farmers' Adoption of Integrated Pest Management in Serbia: An Application of the Theory of Planned Behavior ［J］. Journal of Cleaner Production, 2019.

［64］KONRAD M T, et al. Drivers of Farmers' Investments in Nu-trient Abatement Technologies in Five Baltic Sea Countries ［J］. Ecological Economics, 2019, 159: 91-100.

［65］KPADONOU R A B, et al. Advancing Climate-smart-agricul-ture in Developing Drylands: Joint Analysis of the Adoption of Multiple On-farm Soil and Water Conservation Technologies in West African Sahel ［J］. Land Use Policy, 2017, 61: 196-207.

［66］LAMBRECHT I, VANLAUWE B, MAERTENS M. Agricultural Extension in Eastern Democratic Republic of Congo: Does Gender Matter? ［J］. European Review of Agricultural Economics, 2016, 594 (5): 039.

［67］LAMBRECHT I, et al. Understanding the Process of Agricul-tural Technology Adoption: Mineral Fertilizer in Eastern DR Congo ［J］. World Development, 2014, 59: 132-146.

［68］LEWANDOWSKI C M. Improving the Adoption of Agricultural Technologies and Farm Performance Through Farmer Groups: Evidence from the Great Lakes Region of Africa ［J］. Agricultural Economics, 2015.

［69］LIU Y, et al. Technical Training and Rice farmers' Adoption of Low-carbon Management Practices: The Case of Soil Testing and For-mulated Fertilization Technologies in Hubei, China ［J］. Journal of Cleaner Production, 2019.

［70］MAKATE C, et al. Increasing Resilience of Smallholder Farm-ers to Climate Change through Multiple Adoption of Proven Climate-smart Agriculture Innovations: Lessons from Southern Africa ［J］. Journal of Environmental Management, 2019, 231: 858-868.

［71］MAO H, et al. Risk Preferences, Production Contracts and

Technology Adoption by Broiler Farmers in China [J]. China Economic Review, 2019, 54: 147-159.

[72] MARIANO M J, VILLANO R, FLEMING E. Factors Influencing Farmers' Adoption of Modern Rice Technologies and Good Management Practices in the Philippines [J]. Agricultural Systems, 2012, 110: 41-53.

[73] MENGISTU M G, SIMANE B, ESHETE G, et al. Factors Affecting Households' Decisions in Biogas Technology Adoption, the Case of Ofla and Mecha Districts, Northern Ethiopia [J]. Renewable Energy, 2016, 93: 215-227.

[74] MENGISTU M G, et al, Factors Affecting Households' Decisions in Biogas Technology Adoption, the Case of Ofla and Mecha Districts, Northern Ethiopia [J]. Renewable Energy, 2016, 93: 215-227.

[75] MPONELA P, et al. Determinants of Integrated Soil Fertility Management Technologies Adoption by Smallholder Farmers in the Chinyanja Triangle of Southern Africa [J]. Land Use Policy, 2016, 59: 38-48.

[76] MPONELA P, et al. Determinants of Integrated Soil Fertility Management Technologies Adoption by Smallholder Farmers in the Chinyanja Triangle of Southern Africa [J]. Land Use Policy, 2016, 59: 38-48

[77] MUKASA A N. Technology Adoption and Risk Exposure among Smallholder Farmers: Panel Data Evidence from Tanzania and Uganda [J]. World Development, 2018, 105: 299-309.

[78] NAKANO Y, et al. Is Farmer-to-farmer Extension Effective? The Impact of Training on Technology Adoption and Rice Farming Produc-

tivity in Tanzania [J]. World Development, 2018, 105: 336-351.

[79] NDIRITU S W, KASSIE M, SHIFERAW B. Are There Systematic Gender Differences in the Adoption of Sustainable Agricultural Intensification Practices? Evidence from Kenya [J]. Food Policy, 2014, 49: 117-127.

[80] NIGUSSIE Z, et al. Factors Influencing Small-scale Farmers' Adoption of Sustainable Land Management Technologies in North-western Ethiopia [J]. Land Use Policy, 2017, 67: 57-64.

[81] PAUL J, et al. Factors Affecting the Adoption of Compost Use by Farmers in Small Tropical Caribbean Islands [J]. Journal of Cleaner Production, 2017, 142: 1387-1396.

[82] PERMADI D B, et al. Socio-economic Factors Affecting the Rate of Adoption of Acacia Plantations by Smallholders in Indonesia [J]. Land Use Policy, 2018, 76: 215-223.

[83] POPKIN S L. The Rational Peasant: The Political Economy of Rural Society in Vietnam [M]. University of California Press, 1979.

[84] RAZA M H, et al. Understanding Farmers' Intentions to Adopt Sustainable Crop Residue Management Practices: A Structural Equation Modeling Approach [J]. Journal of Cleaner Production, 2019.

[85] ROGERS E M. Diffusion of Innovations: 5th Edition [M]. New York: The Free Press, 2003.

[86] SCHAAK H. Understanding the Adoption of Grazing Practices in German Dairy Farming [J]. Agricultural Systems, 2018, 165: 230-239.

[87] SCHELLING T C. Dynamic Models of Segregation [J]. Journal of Mathematical Sociology, 1971, 1 (2): 143-186.

[88] SCHELLING T C. Models of Segregation [J]. The American Economic Review, 1969, 59 (2): 488-493.

[89] SCHIPMANN C, QAIM M. Spillovers from Modern Supply Chains to Traditional Markets: Product Innovation and Adoption by Smallholders [J]. Agricultural Economics, 2010 (41): 361-371.

[90] SENYOLO M P, et al. How the Characteristics of Innovations Impact Their Adoption: Anexploration of Climate-smart Agricultural Innovations in South Africa [J]. Journal of Cleaner Production, 2018, 172: 3825-3840.

[91] SHIFERAW B, KEBEDE T, KASSIE M, et al. Market Imperfections, Access to Information and Technology Adoption in Uganda: Challenges of Overcoming Multiple Constraints [J]. Agricultural Economics, 2015, 46 (4): 475-488.

[92] SHIKUKU K M. Information Exchange Links, Knowledge Exposure, and Adoption of Agricultural Technologies in Northern Uganda [J]. World Development, 2019, 115: 94-106.

[93] SWINNEN J, KUIJPERS R. Value Chain Innovations for Technology Transfer in Developing and Emerging Economies: Conceptual Issues, Typology, and Policy Implications [J]. Food Policy, 2019, 83: 298-309.

[94] TARFASA S, et al. Modeling Smallholder Farmers' Preferences for Soil Management Measures: A Case Study From South Ethiopia [J]. Ecological Economics, 2018, 145: 410-419.

[95] TATE G, MBZIBAIN A, ALI S. A Comparison of the Drivers Influencing Farmers' Adoption of Enterprises Associated with Renewable

Energy [J]. Energy Policy, 2012, 49: 400-409.

[96] TOMA L, BARNES A P, SUTHERLAND L A, et al. Impact of Information Transfer on Farmers' Uptake of Innovative Crop Technologies: A Structural Equation Model Applied to Survey Data [J]. Journal of Technology Transfer, 2016: 1-18.

[97] VAIKNORAS K, et al. Promoting Rapid and Sustained Adoption of Biofortified Crops: What We Learned From Iron-biofortified Bean Delivery Approaches in Rwanda [J]. Food Policy, 2019, 83: 271-284.

[98] VAN THANH N, YAPWATTANAPHUN C. Banana Farmers' Adoption of Sustainable Agriculture Practices in the Vietnam Uplands: The Case of Quang Tri Province [J]. Agriculture and Agricultural Science Procedia, 2015, 5: 67-74.

[99] VERKAART S, et al. Welfare Impacts of Improved Chickpea Adoption: A Pathway for Rural Development in Ethiopia? [J]. Food Policy, 2017, 66: 50-61.

[100] VISHNU S, GUPTA J, SUBASH S P. Social Network Structures among the Livestock Farmers vis a vis Calcium Supplement Technology [J]. Information Processing in Agriculture, 2019, 6 (1): 170-182.

[101] WOSSEN T, et al. Impacts of Extension Access and Cooperative Membership on Technology Adoption and Household Welfare [J]. Journal of Rural Studies, 2017, 54: 223-233.

[102] WOSSEN T, et al. Impacts of Extension Access and Cooperative Membership on Technology Adoption and Household Welfare [J]. Journal of Rural Studies, 2017, 54: 223-233.

[103] XU H, et al. Chinese Land Policies and Farmers' Adoption

of Organic Fertilizer for Saline Soils [J]. Land Use Policy, 2014, 38: 541–549.

[104] YAN Z, et al. Examining the Effect of Absorptive Capacity on Waste Processing Method Adoption: A Case Study on Chinese Pig Farms [J]. Journal of Cleaner Production, 2019, 215: 978–984.

[105] YIGEZU Y A, et al. Enhancing Adoption of Agricultural Technologies Requiring High Initial Investment among Smallholders [J]. Technological Forecasting and Social Change, 2018, 134: 199–206.

[106] YOUNG H P. The Economics of Convention [J]. Journal of Economic Perspetive, 1996, 10 (2): 105–122.

[107] Zeng D, et al. Land Ownership and Technology Adoption Revisited: Improved Maize Varieties in Ethiopia [J]. Land Use Policy, 2018, 72: 270–279.

[108] ZENG D, et al. Land Ownership and Technology Adoption Revisited: Improved Maize Varieties in Ethiopia [J]. Land Use Policy, 2018, 72: 270–279.

[109] ZHANG B, et al. Farmers' Adoption of Water-saving Irrigation Technology Alleviates Water Scarcity in Metropolis Suburbs: A Case Study of Beijing, China [J]. Agricultural Water Management, 2019, 212: 349–357.

[110] ZHANG H, et al. European Farmers' Incentives to Promote Natural Pest Control Service in Arable Fields [J]. Land Use Policy, 2018, 78: 682–690.

[111] ZHANG T, et al. Adoption Behavior of Cleaner Production Techniques to Control Agricultural Non-point Source Pollution: A Case

Study in the Three Gorges Reservoir Area ［J］. Journal of Cleaner Production, 2019, 223: 897-906.

［112］LACHMANN L. Capital, Expectations and the Market Process ［M］. New York University Press, 1977.

［113］LACHMANN L. The Market as an Economic Process ［M］. Blackwell Pub, 1986.

［114］曹光乔, 张宗毅. 农户采纳保护性耕作技术影响因素研究 ［J］. 农业经济问题, 2008 (8): 69-74.

［115］陈柱康, 张俊飚, 何可. 技术感知、环境认知与农业清洁生产技术采纳意愿 ［J］. 中国生态农业学报, 2018.

［116］［英］弗兰克·艾利思. 农民经济学——农民家庭农业和农业发展 ［M］, 胡景北, 译. 上海人民出版社, 2006.

［117］［美］富兰克·H·奈特. 风险, 不确定性和利润 ［M］. 王宇等, 译. 中国人民大学出版社, 2005.

［118］盖豪, 颜廷武, 张俊飚. 基于分层视角的农户环境友好型技术采纳意愿研究——以秸秆还田为例 ［J］. 中国农业大学学报, 2018, 23 (4): 170-182.

［119］耿宇宁, 郑少锋, 陆迁. 经济激励、社会网络对农户绿色防控技术采纳行为的影响——来自陕西猕猴桃主产区的证据 ［J］. 华中农业大学学报 (社会科学版), 2017 (6): 59, 150.

［120］郭铖, 魏枫. 社会资本对农户技术采纳行为的影响 ［J］. 管理学刊, 2015, 28 (06): 30-38.

［121］［英］哈耶克. 感觉的秩序: 探寻理论心理学的基础 ［M］. 华中科技大学出版社, 2015.

［122］［英］哈耶克. 个人主义与经济秩序 ［M］. 邓正来, 译,

北京：生活·读书·新知三联书店，2003.

[123] [美] 赫伯特·西蒙. 管理行为——管理组织决策过程的研究 [M]. 北京经济学院出版社，1988.

[124] 黄凯南. 制度演化经济学的理论发展与建构 [J]. 中国社会科学，2016（5）：65-78.

[125] 李博伟，徐翔. 农业生产集聚、技术支撑主体嵌入对农户采纳新技术行为的空间影响——以淡水养殖为例 [J]. 南京农业大学学报（社会科学版），2018（1）：124-136.

[126] 李卫，薛彩霞，姚顺波，朱瑞祥. 农户保护性耕作技术采用行为及其影响因素：基于黄土高原476户农户的分析 [J]. 中国农村经济，2017（1）：44-57，94-95.

[127] 毛慧，周力，应瑞瑶. 风险偏好与农户技术采纳行为分析——基于契约农业视角再考察 [J]. 中国农村经济，2018（4）：74-89.

[128] 宋军，胡瑞法，黄季焜. 农民的农业技术选择行为分析 [J]. 农业技术经济，1998（6）：36-44.

[129] 谈存峰，张莉，田万慧. 农田循环生产技术农户采纳意愿影响因素分析——西北内陆河灌区样本农户数据 [J]. 干旱区资源与环境，2017（8）：33-37.

[130] 童洪志，刘伟. 农户秸秆还田技术采纳行为影响因素实证研究——基于311户农户的调查数据 [J]. 农村经济，2017（4）：108-114.

[131] 汪丁丁，叶航. 理性的追问：关于经济学理性主义的对话 [M]. 广西师范大学出版社，2003.

[132] 汪三贵，刘晓展. 信息不完备条件下贫困农民接受新技

术行为分析 [J]. 农业经济问题, 1996 (12): 31-36.

[133] 王格玲, 陆迁. 社会网络影响农户技术采用倒 U 型关系的检验——以甘肃省民勤县节水灌溉技术采用为例 [J]. 农业技术经济, 2015 (10): 92-106.

[134] 吴雪莲, 张俊飚, 何可, 张露. 农户水稻秸秆还田技术采纳意愿及其驱动路径分析 [J]. 资源科学, 2016, 38 (11): 2117-2126.

[135] [美] 西奥多·W·舒尔茨. 改造传统农业 [M]. 梁小民, 译. 商务印书馆, 1987.

[136] 徐翔, 陶雯, 袁新华. 农户青虾新品种采纳行为分析——基于江苏省青虾主产区 466 户农户的调查 [J]. 农业技术经济, 2013 (5): 86-94.

[137] 许佳贤, 郑逸芳, 林沙. 农户农业新技术采纳行为的影响机理分析——基于公众情境理论 [J]. 干旱区资源与环境, 2018, 32 (2): 52-58.

[138] 许佳贤, 郑逸芳, 林沙. 农户农业新技术采纳行为的影响机理分析——基于公众情境理论 [J]. 干旱区资源与环境, 2018 (2): 52-58.

[139] 杨虎涛. 论演化经济学的困境与前景 [J]. 经济评论, 2007 (4): 86-91.

[140] 杨唯一, 鞠晓峰. 基于博弈模型的农户技术采纳行为分析 [J]. 中国软科学, 2014 (11): 42-49.

[141] 袁艺, 茅宁. 从经济理性到有限理性: 经济学研究理性假设的演变 [J]. 经济学家, 2007 (2): 21-26.

[142] [美] 詹姆斯·C·斯科特. 农民的道义经济学: 东南亚的反叛与生存 [M]. 程立显, 刘建, 等译. 南京: 译林出版

社，2001.

[143] 贾根良. 演化经济学：经济学革命的策源地 ［M］. 山西人民出版社，2004.

[144] 黄凯南. 演化经济学四个基础理论问题探析 ［J］. 中国地质大学学报（社会科学版），2011，11（06）：85-90.

[145] 黄凯南. 演化博弈与演化经济学 ［J］. 经济研究，2009，44（02）：132-145.

[146] 黄凯南. 认知理性和演化经济学方法论的发展 ［J］. 制度经济学研究，2009（01）：1-25.

[147] 杨虎涛. 演化经济学的时间观 ［J］. 中国地质大学学报（社会科学版），2008（04）：92-96.

[148] 商孟华. 新制度经济学与演化经济学比较研究 ［J］. 贵州社会科学，2006（05）：16-21.

[149] 于斌斌. 演化经济学理论体系的建构与发展：一个文献综述 ［J］. 经济评论，2013（05）：139-146.

[150] ［英］莱昂内尔·罗宾斯. 经济科学的性质和意义 ［M］. 朱泱，译. 北京：商务印书馆，2000.

[151] ［美］伊斯雷尔·科兹纳，穆雷·罗斯巴德等. 现代奥地利学派经济学的基础 ［M］. 王文玉，译. 浙江大学出版社，2008.

[152] ［美］理查德·纳尔逊，悉尼·温特. 经济变迁的演化理论 ［M］. 胡世凯，译. 商务印书馆，1997.

[153] ［美］赫伯特·西蒙. 现代决策理论的基石：有限理性说 ［M］. 杨烁，徐立，译. 北京经济学院出版社，1989.

[154] ［美］萨缪·鲍尔斯. 微观经济学：行为，制度和演化 ［M］. 江艇，等译. 中国人民大学出版社，2006.

重要术语索引

后 记

我是在农村长大的孩子，亲眼目睹了中国农村三十多年的变迁，自然而然地关注农村发展。我很幸运，早在华中农业大学本科学习阶段就结识了周德翼教授。在他的引导下，我接触并喜欢上经济学，通过深度阅读和反复"论争"，我从一张白纸到开始形成自己的观点，慢慢树立了一些批判性思维。2007年，我考上了周德翼教授的硕士研究生，同时也得到一份在上海外企的工作。社会实践非常重要，周教授一向强调观察真实世界对学术研究的重要性，我很认同。在上海工作的两年拓宽了我的视野，我的阅读和思考也从未停止。2009年夏季，我辞去工作选择返校学习，最终在周教授的指导下完成博士阶段的学习。

在我学术思想萌发的阶段有周教授的指导，是我最大的幸运。周教授让我启动了自我探索的引擎，也给我带来很多思想的冲击。他既是我的恩师，也是我生活中的"父亲"、朋友。他的思想天马行空、不拘一格，有趣而深刻，让我深受启发。我不会忘却那些纯粹的学术话题讨论带来的快乐，在人文楼办公室讨论到大楼锁门、在食堂讨论到食堂员工熄灯催促。很庆幸，我曾经接受了这样一种开放式的学术训练，期间收获了很多有益的思想碰撞带来的灵感。这些灵感恰恰是本书思想的重要源泉。

曹士龙先生是我另外一位亦师亦友的老师，他是一位执著的自我实现的践行者。他善于倾听，思维缜密，他提出的问题尖锐而深刻，这些问题促使我进一步思考和成长。曾经在 2009 年有雪的冬季，我们三五个人一起精读讨论张五常先生的《经济解释》，加上曹老师那一锅粗放但却意外美味的排骨汤，心田的温度配合着大脑神经脉冲之间光速的"连接"，激烈讨论过程中时而迸发出欢声笑语，那场景恐怕此生再难有。

感谢国际食品政策研究所的游良志教授。我有幸作为主要参与人参加了游良志教授主持的国家自然科学基金项目，本书埃塞俄比亚农户的数据采集均出自该课题经费，对此表示衷心感谢。也感谢洛阳师范学院高贵现副教授，本书部分实证数据来源于我们的合作调研。感谢海南大学农林经济管理系王芳副研究员，她毫无保留地为我们在海南的数据收集提供人力和经费支撑，本书的出版也得益于她的全力支持。感谢华中农业大学熊航教授，我能够到 Geary 研究院学习社会仿真方法全靠他的热情支持，在研究方法上的共同研讨让我获益颇多。感谢海南大学各位同事对我科研工作的支持以及生活上的照顾。感谢参与海南省农户调研的学生们：胡晨、张颖、王睿子、王苏薇、黄予宣、宁佳贤、易福南等。感谢中国经济出版社各位编辑的辛苦工作，最终让本书能够跟读者们见面。

感谢民主、善良、乐观的父母亲和关心爱护我的姐姐，他们的默默支持是我的不竭动力。感谢所有对我寄予厚望、提供支持的亲人和朋友。

最后，特别感谢我的爱人——赵歆。

朱月季

2019 年 6 月